青少年科普丛书

CHAOS
混沌学

〔英〕齐亚丁·萨达尔（Ziauddin Sardar） 著

〔英〕伊沃娜·艾布拉姆斯（Iwona Abrams） 绘

王伊鸣 王广州 译

重庆大学出版社

CHAOS

目　录

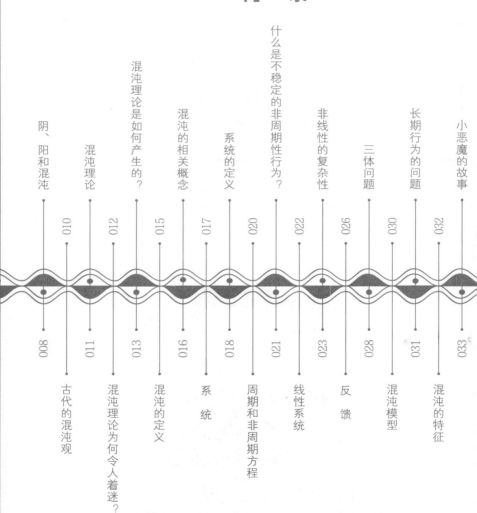

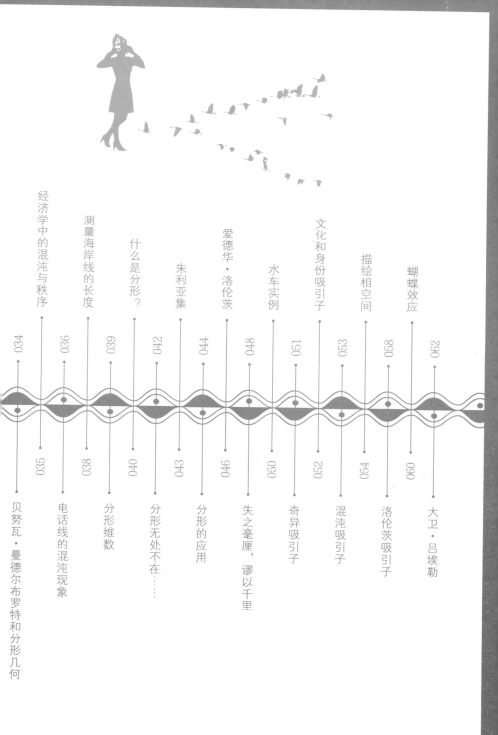

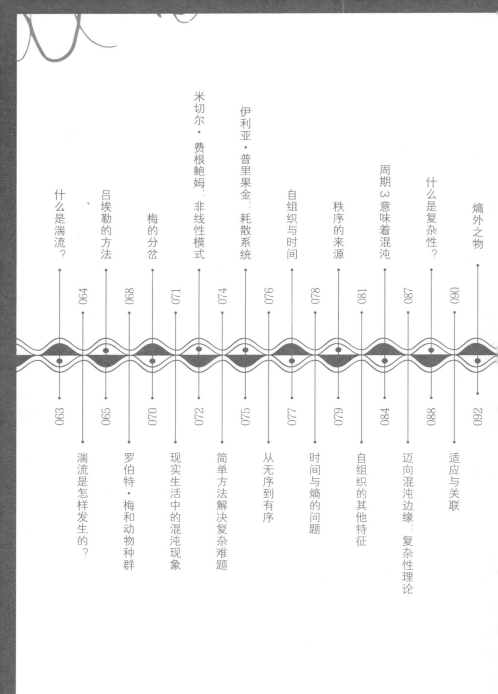

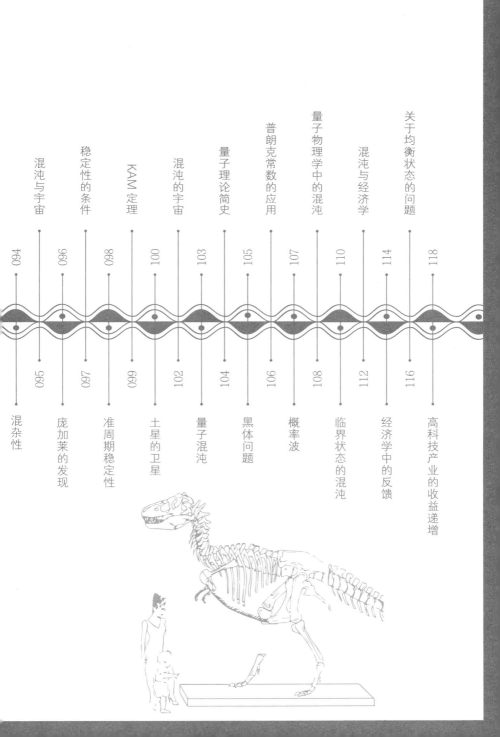

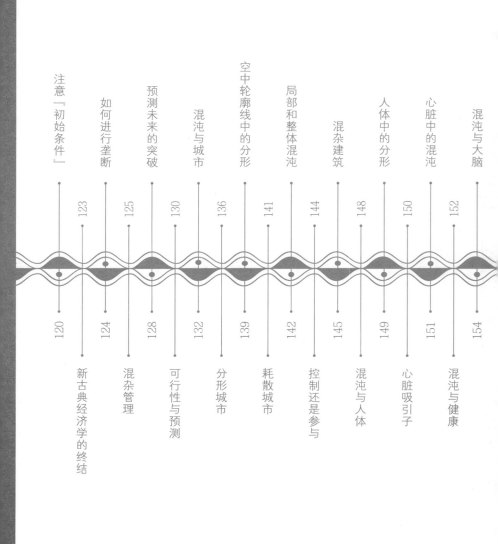

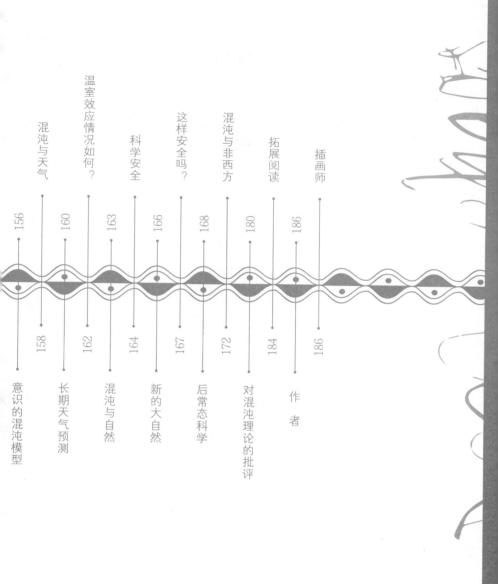

阴、阳和混沌

　　中国古代的人们认为混沌与秩序具有相关性。在中国神话中，龙代表秩序，即混沌中的阳。而在一些中国创世故事中，阴是一缕纯净的光，脱胎于混沌形成了天。阴与阳、女与男，是宇宙万物化生的法则。然而，尽管阴、阳已脱离混沌，却仍留有混沌的特性。阴盛或阳盛都会使世界再次陷入混沌无序的状态。

古代的混沌观

公元前 8 世纪的希腊诗人赫西奥德著有长诗《神谱》（*Theogony*）。这首诗描述了宇宙和神诞生的故事。其中说道，"宇宙之初，先有混沌"，而后天地生，万物定。古希腊人似乎已经接受了先有混沌后有秩序的观点，换句话说，秩序来源于无序。

混沌理论

混沌理论是一个令人振奋的新兴科学研究领域。

混沌现象的发现令人震惊，也饱受争议。在本书作者注意到该理论的大约十年之前，多数著名的科学家都还将其视作脱离实际的空想。

然而如今，它被认为是 20 世纪初量子理论出现以来最重要的理论发现之一。

如果混沌理论能发挥其潜力，它将极大地改变我们看待自然界和人类自身的方式。

混沌理论为何令人着迷？

混沌理论令人着迷之处有很多……

它通过揭示简单与复杂、有序与随机之间的微妙关系，将我们的日常经历与自然规律联系了起来。

它所呈现的宇宙具有确定性，也符合基本物理定律，却又无序、复杂、不可预测。

它表明，可预测的现象非常罕见，仅在特定的科学约束条件下才会出现。科学已从我们复杂世界丰富的多样性中筛选出了这些条件。

它使复杂现象的简化成为可能。

它结合了数学学科非凡的想象力和现代计算机强大的处理能力。

它质疑了传统的科学建模过程。

它表明，我们在理解和预测复杂程度不一的未来情况时，存在先天的局限性。

它是一个绝佳的理论！

莎士比亚在《哈姆雷特》第一幕第五场中让哈姆雷特说的话是对的……

混沌理论是如何产生的?

近来的三个大发展使"混沌"成为家喻户晓的词。

1. 计算机惊人的处理能力使研究人员能够在几秒内进行数以亿计的复杂计算。

2. 随着计算能力的提高，人们对许多不规律现象的科研兴趣日益增长，比如……

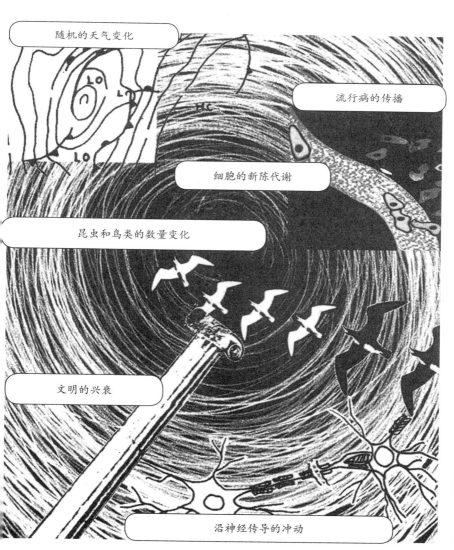

随机的天气变化

流行病的传播

细胞的新陈代谢

昆虫和鸟类的数量变化

文明的兴衰

沿神经传导的冲动

3. 当这些发展与新几何学相结合时，混沌理论就诞生了……

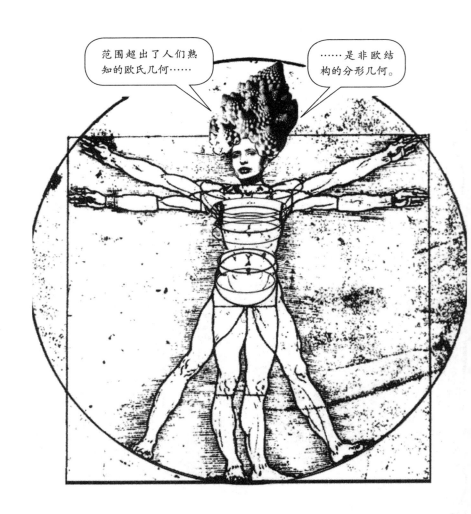

　　这些发展影响到了几乎所有人类探索的领域。混沌理论就像海洋，几乎全部学科、专业的小河与支流都汇入其中——从数学、物理学、天文学、气象学、生物学、化学、医学到经济学和工程学，从对流体和电路的研究到对股票市场和文明的探索，混沌理论包罗万象。

混沌的定义

混沌有多种定义。此处仅列举几例……

"混沌是一种无周期的有序运动。"

"混沌是在一种简单确定的（类似极有规律性的钟摆）系统中出现的貌似随机的周期行为。"

"混沌理论是对确定的非线性动力系统中不稳定、非周期性行为的定性研究。"

英国著名的数学家伊恩·斯图尔特对其定义如下。

不具备内在随机性的简单模型所具有的、能产生高度不规则行为的能力。

混沌的这些专业定义比较难理解。那么让我们先熟悉一下相关术语。

混沌的相关概念
动态、变化和变量

　　混沌是一种动态现象。变化产生时就会出现混沌。大体有两种类型的变化。

经典物理学和动力学研究规律的变化。

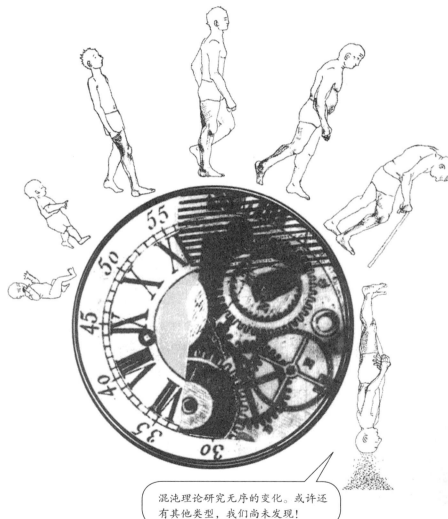

混沌理论研究无序的变化。或许还有其他类型，我们尚未发现！

　　在既定情况下可变的因素被称为变量（variable）。

系　统

　　任何会随时间变化的实体都是一个系统（system），因此，系统存在变量。以下是一些系统的实例。

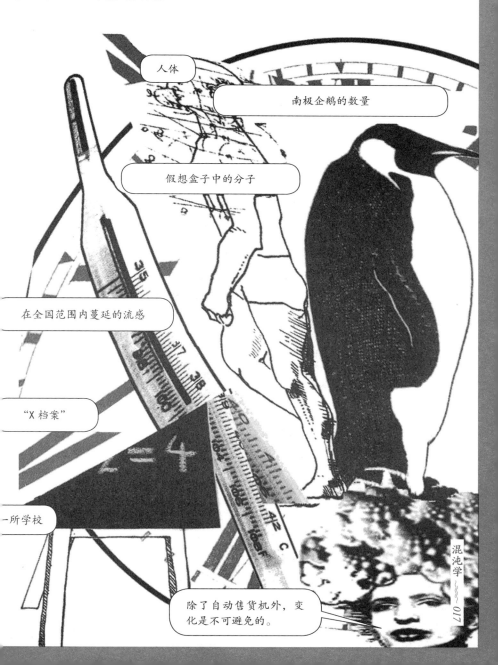

人体

南极企鹅的数量

假想盒子中的分子

在全国范围内蔓延的流感

"X 档案"

一所学校

除了自动售货机外，变化是不可避免的。

系统的定义

　　确定性系统（deterministic system）是可预测、稳定且完全可知的系统。老式落地钟就是典型的确定性系统。斯诺克台球桌上的台球就是在一个确定性系统的界限内活动的。

在经典物理学中，宇宙本身就是一个确定性系统。

给我任一系统过去和现在的坐标，我就可以预测它的未来。

皮埃尔·西蒙·拉普拉斯
（1749—1827，法国数学家）

在线性系统（linear system）中，变量间的联系简单且直接。在数学里，线性关系可以用一个简单的方程式来表示，其中所涉及的变量只有一次幂的形式：

$x=2y+z$

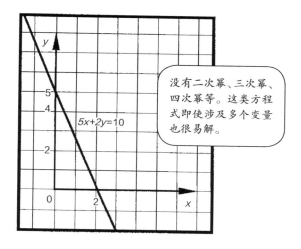

没有二次幂、三次幂、四次幂等。这类方程式即使涉及多个变量也很易解。

非线性（nonlinear）关系涉及多次幂。下面就是一个非线性方程：

$A=3B^2+4C^3$

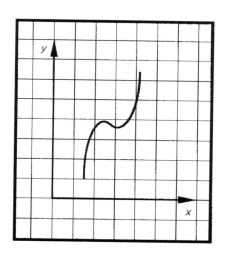

这类方程式很难分析，并且经常需要用计算机来辅助运算。

周期和非周期方程

周期（period）是某一情况或事件发生的时间间隔。周期系统（periodic system）中的变量在经过固定的时间间隔后会精确重复过去的行为——想想来回摆动的钟摆吧。

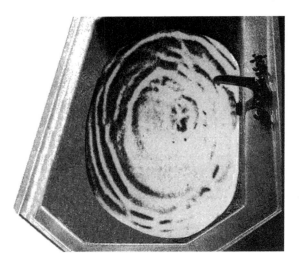

当影响系统状态的变量没有完全规律性地重复它的值时，发生的行为就是非周期性的（aperiodic）——想象一下流入水槽的水吧。

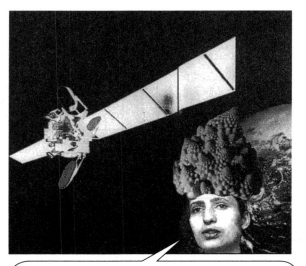

不稳定的非周期性（unstable aperiodic）行为非常复杂。它从不重复自身，而且系统中任何些微变化的影响都会体现出来。这使人们难以精准预测，因而其测量结果具有随机性。

虽然有卫星观测和计算机模拟数据，但我们仍然无法准确预测天气，原因就在于此。

什么是不稳定的非周期性行为？

很难想象某种行为不稳定却又有周期性——实际上，把这两个术语放在一起似乎就是矛盾的。然而，人类历史已为我们提供了好几个类似的例子。我们可以从文明的兴衰中总结出大致的模型，且能够看出其中的周期性。但我们知道历史事件并不可能真正完全重复。从这种现实意义上说，历史又是非周期性的。我们还可以从历史教科书中了解到，看似微不足道的小事却能造成人类历史进程中影响长远的变化。

直到不久前，想到复杂、不稳定的非周期性行为，我们脑海里最先浮现的形象还是人群（crowd）。

如今，我们的认知发生了变化，即使是在最常见的事件中我们也能够观察到非周期性行为：水龙头里滴下的水、风中飘扬的旗帜、动物种群数量的波动等。

线性系统

所以，简单地说，混沌是确定性系统中非周期性、明显随机的事件。混沌中有秩序，秩序中有混沌。这二者之间的联系要比我们之前想象的更加紧密。

然而，既然确定性系统是可预测和稳定的，那么上述说法似乎就有些不合逻辑了。出于习惯，人类通常会从观察到的事件中寻找规律模式和线性关系。

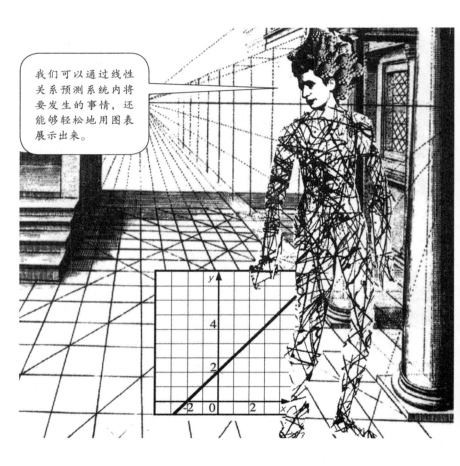

我们可以通过线性关系预测系统内将要发生的事情，还能够轻松地用图表展示出来。

换句话说，它们在图表上呈一条直线，我们能看出直线的走向。

线性关系和方程是可解的，因而对人们来说既易懂也方便应用。

非线性的复杂性

　　相反，非线性方程很难求解。例如，一旦引入摩擦这一非线性因素，解决问题的难度就变大了。没有摩擦，物体加速所需的能量就可以用线性方程表示……

　　力 = 质量 × 加速度

　　引入摩擦使问题变得复杂，因为物体移动速度改变，能量也会相应地发生变化。

　　因此，非线性因素会改变系统内的确定性规则，并且使人难以预测将要发生的事情。

混沌理论发展史上有一个著名的非线性关系案例。生物学家罗伯特·梅当时正在进行鱼群数量的研究。他建立了表示鱼群数量的数学模型：方程式 $X_{next} = rx(1-x)$，其中 x 代表目前一个区域内鱼的总数。当参数 r（增长率）为 2.7 时，鱼群的总数为 0.6292。

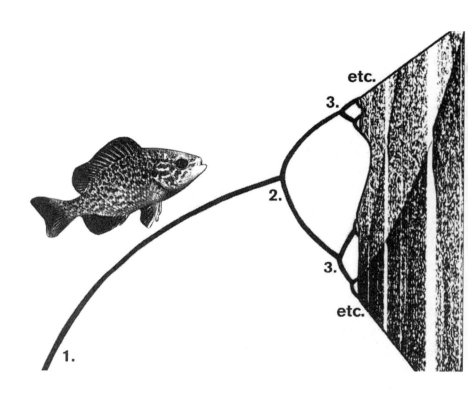

　　1. 随着参数值增大，鱼群的数量最终也略有上升，在图表上表现为从左向右缓慢上升的一条曲线。

　　2. 当参数值大于 3 时，该上升曲线突然一分为二，于是梅不得不为两种鱼群数量的情况分别绘图。这种分岔意味着鱼群数量从一年周期变为两年周期。

　　3. 随着参数值进一步增大，分岔点数一再翻倍。这种行为变得复杂却又规律。超过某一点后，图表完全混乱了——变成黑漆漆的一团。不过，即使陷入混沌，随着参数值的增大，稳定的周期循环又会重新出现。

现实生活中的大多数力都是非线性的。那么，我们之前为什么没有发现这一点？混沌行为之所以到现在才得到研究，是因为科学家们在分析复杂的非线性问题时通常会将其简化为线性问题。意大利物理学家伽利略（1564—1642）对重力的研究就是一个很好的例子。他为了获得明确的结论，忽略了微小的非线性问题。

由于空气阻力，羽毛下落的速度不会与球下落的速度相同。唔，不过那又怎样……

要创造一个理想的科学世界，就得从实际经验和"无序"中抽离出规律。

　　自"现代"西方科学诞生以来，我们生活的世界就好像只有鸭嘴兽是唯一存在的原始哺乳动物一样！

反 馈

和非线性问题一样，反馈在现实生活中也很常见。反馈是任何系统都具备的特征。系统的输出，或者说结果，会影响系统的输入，继而会改变系统运作。

使用麦克风时最容易观察到反馈现象。一些输出信号被"返回"到系统中，产生了技师和音乐表演者都害怕的尖锐响声。不过，反馈对生产扩音器却很有用。在扩音器里，声音会被有意地送回到系统中。

在证券交易所或银行的交易大厅也能观察到反馈现象，它实际上是一种自我调节形式。

例如，如果价格涨得过高，需求就会减少，导致价格下跌。

初始的配置安排反馈回系统，价格就会重新调整。

在化学反应中，当酶进行自我复制时，我们也能够观察到反馈循环的存在。它是一种积极的反馈循环。这种现象会发生在脱氧核糖核酸（DNA）变为生物有机体的过程中，在有机化学中十分常见。

然而，科学家们却倾向于忽略反馈现象，以便创造出更容易研究和操作的简单模型。他们知道反馈和复杂性的存在，却不够了解它们。例如，将人口作为简单的线性系统来研究，就比研究引入反馈的复杂系统更容易。

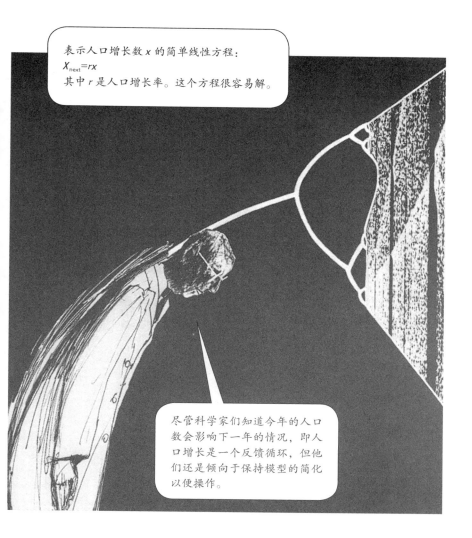

表示人口增长数 x 的简单线性方程：
$X_{next}=rx$
其中 r 是人口增长率。这个方程很容易解。

尽管科学家们知道今年的人口数会影响下一年的情况，即人口增长是一个反馈循环，但他们还是倾向于保持模型的简化以便操作。

振荡系统因为包含反馈因素而变得混乱。当各种非线性力返回自身时，就会产生混沌行为。这种现象被称为非线性反馈，是产生混沌的先决条件。下面让我们看一个非线性反馈的实例。

三体问题

　　让我们举一个可以体现非线性反馈效应的简单线性系统实例——经典的引力"三体问题"。绕某一行星运行的卫星，其运行轨道是容易推定的——艾萨克·牛顿爵士（1643—1727）已经用以数学公式表示的引力定律对此做了充分论述。

> 但是，假设我们引入另一个相同大小的卫星。那么现在计算这两个卫星运行轨道的难度只会稍微增加一点点吗？

　　事实证明，表示这种三体系统的简单确定性方程"无法精确求解"。它们不能预测这两个卫星的长期运行轨道。

三体问题无法解决的原因在于重力是一种非线性力。具体来说，它的大小是呈"平方反比"（inverse square）的。而在三体系统中，每个天体都在另外两个天体上施加了力。这就产生了非线性反馈，导致卫星轨道出现混沌运动。不过，通过证明轨道本身就是不可预测的，我们也算是"解决"了三体问题。几年之前，这样的解释还被认为是对科学的亵渎。

学者伊曼纽尔·维利科夫斯基*（1895—1979）在其《碰撞中的世界》（*Worlds in Collision*, 1948 年）一书中称，火星和金星的轨道在公元前1000 年左右发生了巨变。虽然他的观点遭到天文学家们的抨击，被斥为谬论，但是借助一些历史年表，维利科夫斯基的碰撞理论确实有助于解决许多难题。

混沌模型

过去二十年间，天气预报、流体力学、化学和人口生物学等不同领域的科学家们建立了包含非线性和反馈因素的模型，以研究自然现象。这些模型表现出了两个互相矛盾的特点。首先，它们都只有几个简单的方程式。其次，这些方程的解相当复杂，有时甚至是不可预测的。对这些模型的分析以及实验中发现的类似行为，就是我们现在所说的"混沌理论"。

以 $x^2+c=result$ 这个简单方程为例，其中 x 是一个变化的复杂数值，而 c 是一个固定的复杂数值。如果我们不断地将运算结果反馈到变化数值（x）的位置上——也就是说，我们迭代这个方程式——就会产生下图所示的混沌模型了……

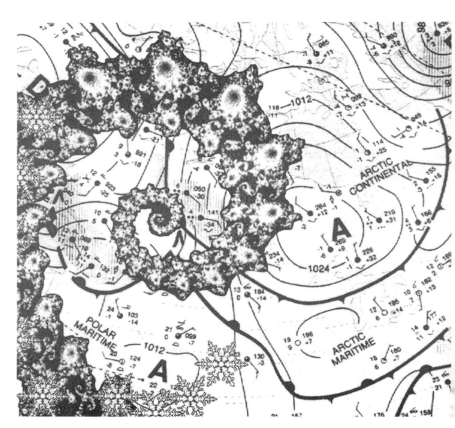

长期行为的问题

　　混沌理论是通过研究系统的长期行为发挥作用的。它不是要预测系统的未来状态，而是重点关注不稳定、非周期性行为，以对系统进行定性研究。例如，传统的天文学关注的是系统内的三个行星何时会排成一条线这样的问题。

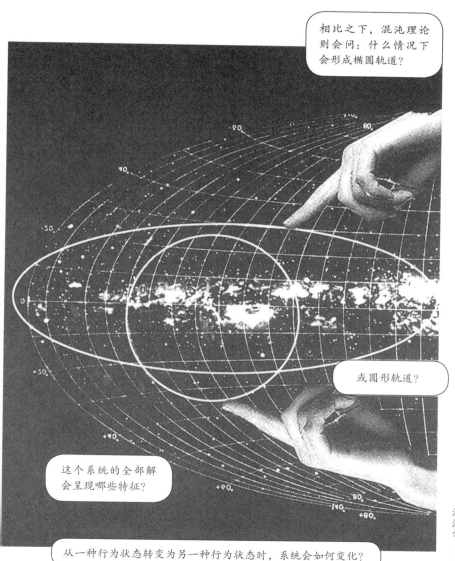

相比之下，混沌理论则会问：什么情况下会形成椭圆轨道？

或圆形轨道？

这个系统的全部解会呈现哪些特征？

从一种行为状态转变为另一种行为状态时，系统会如何变化？

混沌的特征

　　混沌理论所研究的系统有一个显著特征：不稳定的非周期性行为都可以用简单的数学式来表达。这些非常简单但定义严格的数学模型能够呈现极其复杂的行为。

　　混沌系统的另一个显著特征是它们对初始条件具有敏感依赖性——开始时极小的差异会引发之后巨大的变化。这种行为被称为混沌的特征。

一些科学家认为混沌系统的这一特征是自然界中新奇事物和多样性的重要来源。

　　而另一些科学家则将其视为人类认知的边界，好像是大自然在命令："到此为止，你们不能再前进了。"

小恶魔的故事

为了解释混沌系统的敏感依赖性，数学物理学家大卫·吕埃勒讲了这个故事。"有一个小恶魔，总是无事可做。有一天，她决定去扰乱你的生活。这个小恶魔改变了空气中某个电子的运动，但你现在没有注意到。一分钟后，空气中的气流结构发生了变化。你仍然没有发现哪里不对劲。但几周之后，这一变化的影响就开始大规模地显现出来了。最后，当你和一个重要人士野餐时，天色突变，下起了冰雹。现在你终于注意到小恶魔做了些什么。其实，她想让你遭遇飞机失事从而丧命。多亏我把她戳穿，阻止了她。"

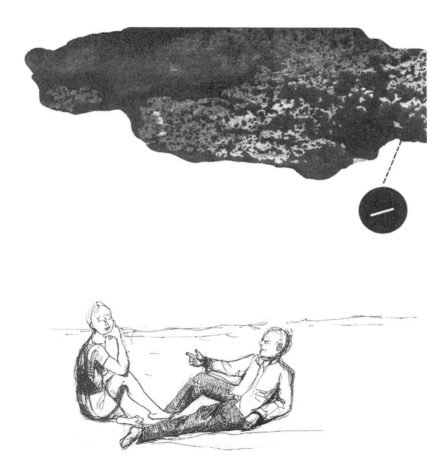

接下来，让我们看看混沌理论的发展史，认识一下那些为之作出贡献的人吧。

贝努瓦·曼德尔布罗特和分形几何

贝努瓦·曼德尔布罗特（生于 1924 年）是一位在波兰出生的法国数学物理学家，曾供职于 IBM 公司。他在分形几何（fractal geometry）领域的贡献，对混沌理论的诞生有关键影响。其大部分开创性工作都是在 20 世纪 70 年代完成的。其间，他出版了名为《分形几何：形、机遇和维数》（*Fractals: Forms, Chance and Dimensions*）的著作。他在这本图文并茂、包罗万象的书中介绍了他的发现。但没有人懂他在讲什么——因为他散文化的语言过于晦涩艰深。1977 年，该书的精简版《大自然的分形几何学》（*The Fractal Geometry of Nature*）问世。随后，分形几何学引起了科学家们极大的兴趣。

经济学中的混沌与秩序

　　曼德尔布罗特，这个"数学界的全能学者"，最早的研究领域是经济学。经济学家认为，小而短暂的变化与大而长期的变化没有任何共同之处。曼德尔布罗特对此进行了调查研究，但他并没有区分小变化与大变化，而是将系统视作一个整体。

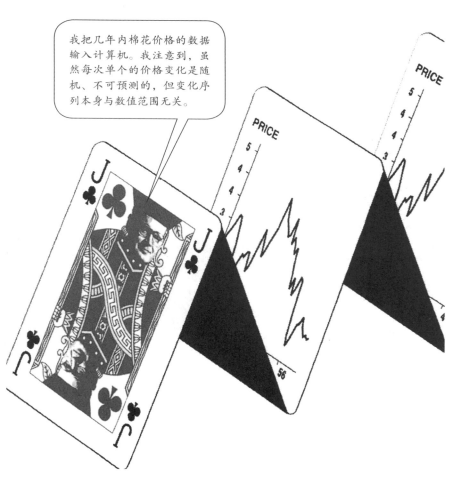

我把几年内棉花价格的数据输入计算机。我注意到，虽然每次单个的价格变化是随机、不可预测的，但变化序列本身与数值范围无关。

　　实际上，每日价格曲线和每月价格曲线完全匹配，60多年来变化幅度保持不变，其间还跨越了两次世界大战和经济大萧条。换句话说：混沌之中存在着秩序。

电话线的混沌现象

　　曼德尔布罗特还研究了在计算机之间传输信息的电话线。工程师们对电话线路中的噪声感到困惑。电流在线路中以"离散信息包"（discrete packets）的形式传递信息，但其中有一些自发的噪声无法消除。有时噪声还会抹去信号，导致传输出现误差。干扰虽然是随机的，但却成簇发生。

我首先通过切分时间段进行研究。将一天分成两个半天，每个半天再分成两个时段，以此类推。

他发现有一个小时是完全没有误差的。但当他把有误差的时间分成两段时，他又发现了一个没有误差的时段和一个有误差的时段。同样，当他将有误差的时段再一分为二，又出现了同样的情况———一个时段没有误差而另一个时段有。

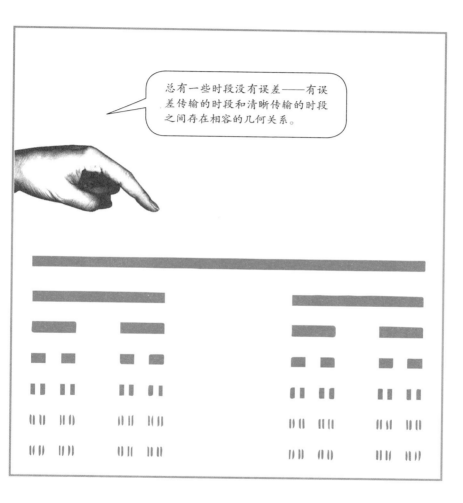

工程师们难以理解这种现象，但是数学家们知道这就是康托尔集（Cantor set）———将一条线段三等分，去掉其中一段，剩下线段分别再三等分，再各去掉中间一段，依次无限分割下去，最终得到一簇簇的点。照此原理，工程师不应通过增加信号强度来掩盖干扰声，而应采用更适当的信号，并接受会存在误差的事实。他们必须想办法捕捉和修正信号误差。

测量海岸线的长度

在一篇著名的论文中，曼德尔布罗特提出了一个问题："英国海岸线有多长？"假设我们用米尺来测量英国海岸线，那么这个答案只能是近似的，因为这种测量方法无法量出岩石裂隙和曲折迂回之处的长度。

但如果我们用更小刻度单位的测量工具（比如 10 厘米的量尺）重复测量过程，那么测出来的海岸线长度会更长，因为量尺可以放入那些裂隙边角进行测量。

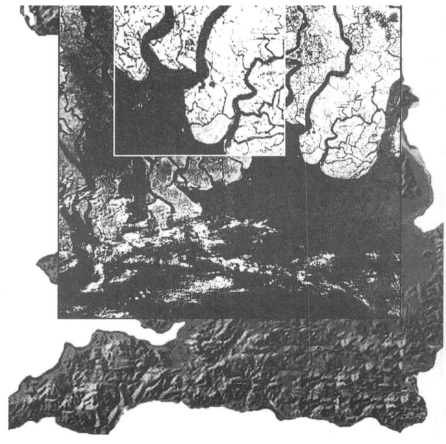

如果我们把测量工具的刻度单位设置为 5 厘米，测量结果将更长。由此可见，如果我们使用的测量工具的刻度单位越来越小，测出的海岸线长度将越来越长。如果我们用趋于无限小的刻度单位时，测出的海岸线长度将趋于无限长。

分形维数

曼德尔布罗特认为，我们所观察到的事物取决于我们所在的位置和测量方式。以足球为例，从远处看，它像一个二维的圆盘；当我们靠近些，它才变成了一个三维的物体。

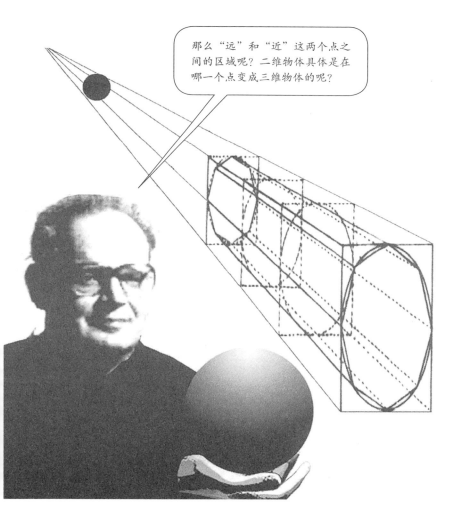

那么"远"和"近"这两个点之间的区域呢？二维物体具体是在哪一个点变成三维物体的呢？

曼德尔布罗特用分形（fractal）这一术语，描述了具有分形维数的系统。英国海岸线就是分形的一个例子。他认为，解决这个问题的唯一方法是从普通的三维转变到他所说的"分形维"角度去研究。

什么是分形？

我们所熟悉、常用的几何是得名于古希腊数学家欧几里得（约公元前330—前275年）的欧氏几何。欧氏几何研究对象的形状都是规则的——三角形、正方形、圆形和矩形。而分形几何研究的是特殊类型的不规则几何形状。分形是一种方法，用来测量一些无法准确定义的形态的特征，如物体的粗糙度、破损程度或不规则度。

实际上，分形是一种理解无限的方法。

曼德尔布罗特说："我在1975年创造了'分形'一词，这个词来自拉丁语'fractus'，形容破碎的石头，意为破碎而不规则。不同于欧氏几何，分形研究的几何形状，都是完全不规则的。首先，分形几何图形处处不规则。其次，在任何尺度下观察，图形的不规则程度又是相同的。不管是从远处还是近处看，分形物体看起来都是相同的——它是自相似的。"

自相似性意味着分形系统的任何子系统都与整个系统相似。在分形三角形中，每个小三角形在结构上与大三角形相同。不过，一些分形只是统计上自相似——它们的局部放大后不能叠映在整个系统上——但它们整体的外部形态是相似的。

分形揭示了混沌的抽象几何特性，计算机图形尤其能体现这一点。

　　整个形体内部存在重复的图案模式，其精致的子结构展示了混沌的本质特征，预示着它在未来某时会变得不可预测。

分形无处不在……

　　分形也把我们与自然界直接联系了起来。树木和山脉就是分形的实例。分形无处不在。

改天来看看我的分形!

朱利亚集

　　分形可以生成许多漂亮的图形,其中一些分形多年前就广为人知了。第一次世界大战期间,加斯顿·朱利亚和皮埃尔·法图发现了朱利亚集(Julia set)。它研究的是复平面中的虚数。我们求负数的平方根时就会产生虚数。-1 的平方根是 i,-4 的平方根是 2i。但那时,没有人意识到这些集合对于研究"现实世界的物理学"的重要意义。

> 人们根据数值绘制出图案时,确实形成了图案的合集(sets of patterns)——风格多样的漂亮图案。

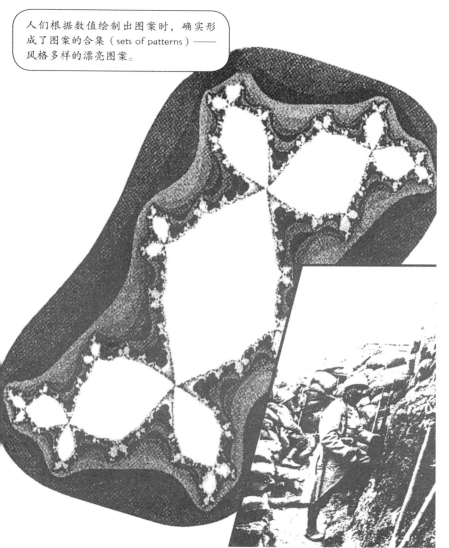

分形的应用

如今，人们用分形几何来描述许多复杂现象。分形有助于我们理解湍流，了解它的产生以及自身的运动情况。

血管也是分形结构，因为它们可以逐步被分解成无限小的部分。血管的分形就像在上演所谓的"空间魔术"，将巨大的表面积挤压进有限的体积中。

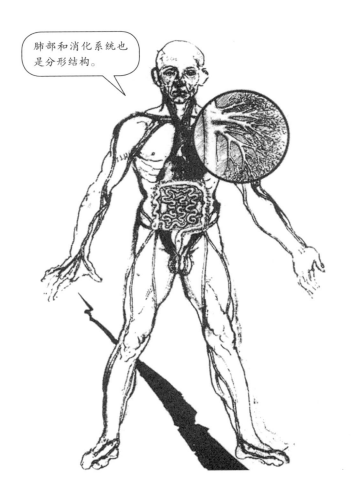

肺部和消化系统也是分形结构。

地震也是如此。我们知道地震的分布可用数学模型表示。地质学家发现这种模型也是分形的。此外，金属表面的分形维数也可以反映出它的强度。

曼德尔布罗特也把他的名字赐给了一个著名的分形——即曼德尔布罗特集（难道还能起什么别的名字？）。

全世界数以百万计的人在观看《星球大战》三部曲时其实也是在观看分形数学——只是大家都不知道罢了。电影中外星球的地形景观就是计算机分形绘景生成的。实际上，分形现在已成为电影特效的重要组成部分。

爱德华·洛伦茨

　　气象学家爱德华·洛伦茨（生于 1917 年）是第一个记录混沌行为实例的人。1948 年，洛伦茨在麻省理工学院气象学系开始了他的博士后研究。1955 年，他成为天气预报统计分析课题的项目主持人，该研究是气象学系的前沿课题。

　　全球天气系统的原始模型是我遇到的第一个体现混沌现象的数学模型。该模型可粗略地说明真实的天气变化情况。它包含 12 个变量。

　　仿效十八、十九世纪的天文学家的研究模式，洛伦茨的研究起步了，最初是用手摇计算机来估算结果的。

后来，洛伦茨利用计算机建立了地球大气和海洋运动的模型，研究了三个非线性气象学因素（温度、压力和风速）之间的关系。

我发现初始条件的微小变化会带来千差万别、不可预测的结果。一个简单的三元方程模型怎么会得出如此奇怪的结果呢？

　　洛伦茨只能得出结论：该模型本身就注定会有差别巨大的结果。1963年，他将研究结果发表在《大气科学杂志》（*Journal of the Atmospheric Sciences*）上，题为《确定性非周期流》（"Deterministic Nonperiodic Flow"）。直到大约十年后，研究人员才意识到这篇论文的重要性。

失之毫厘，谬以千里

　　洛伦茨发现混沌现象的背后还有一段有趣的故事。1961 年的一天，做气象研究的洛伦茨要检验更大范围内的一系列变化。他想用计算机走捷径，于是就从之前输出的结果中找了一组数据输入，直接让计算机从中间，而不是从头开始运行整个程序。随后他就离开去喝咖啡。当他喝完咖啡回来，眼前的结果令他难以置信。

　　新运算出的天气情况和原来的大相径庭。它们简直是两个完全不同的天气系统！

　　之后他明白了原委。他按照打印出来的结果输入了 0.506（打印单只显示到小数点后三位），而计算机存储器中的原始数值是 0.506127。五千分之一的小差异，也绝不是无足轻重的。洛伦茨意识到初始条件的微小差异，比如一阵风，都可能会造成灾难性的后果。

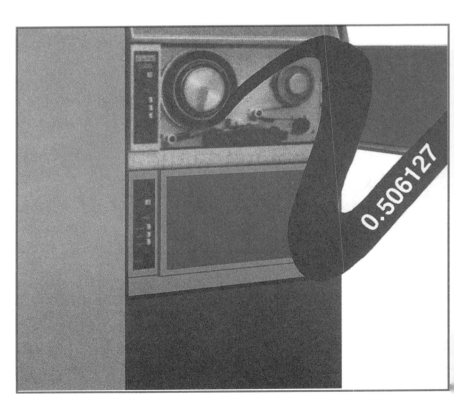

洛伦茨是这样阐释他的发现的："这意味着两种仅有微小差异的状态最终可能演变成两种截然不同的状态。那么，如果在观察现状时出现任何错误（在实际系统中出现这样的错误似乎不可避免），基本上就不可能对遥远未来某个瞬间的状态作出令人信服的预测。"

水车实例

洛伦茨用来演示混沌现象的一个例子是水车。这种简单的机械装置能够产生令人吃惊的复杂行为。

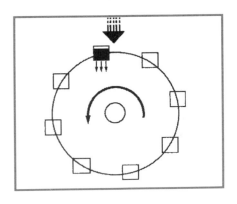

低速运转时,系统工作正常。

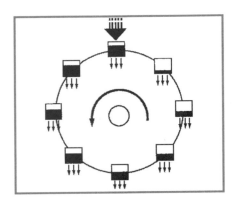

但随着水流量增加,水车转速变快,水桶没有时间填满水或倒空,系统的行为变得混乱。

随后水车转速减慢甚至逆转。在这种条件下,水车不会重复之前的运转模式,转动方式也无法预测。

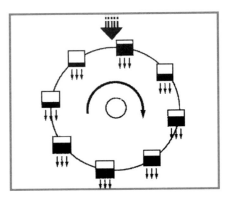

把水车混沌行为轨迹绘制出来,会得到一个非常漂亮的图形——空间中的双螺旋,它就是著名的"奇异吸引子"(strange attractor)。

奇异吸引子

通常，复杂系统会表现出数学家称为吸引子的特性。吸引子代表系统的终态，受系统特性的影响。

> 想象一个在碗里打旋的弹珠。弹珠最终会停在碗底。就是它停的那个点一直在吸引着（attract）弹珠。

另一种理解吸引子的方法是观察现实世界的一些场景。某些可能的行为模式实际上并不会发生。例如，正常工作的钟摆，不会时而摆得急时而摆得缓；赤道上不会出现北极那样的低温；猪通常都不会飞。一定会发生的不寻常现象只会在一个特殊区域出现——专业点说，就是出现在一个有限集内。这个有限集就是一个吸引子集。

文化和身份吸引子

　　吸引子的文化等价物可以是酋长、部落、国家以及赋予我们身份的东西，如宗教、阶级和世界观。

混沌吸引子

有一类吸引子比较与众不同——它们被称为"混沌吸引子"（chaotic attractor）或"奇异吸引子"。

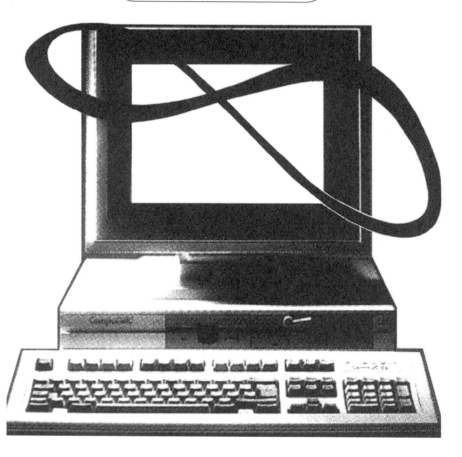

它们由无数个曲线、平面或高维流形组成。实际上，它们都属于分形体。

奇异吸引子在一个名为相空间（phase space）的数学模型中运动。相空间是一个虚构空间，它是一种可以将数字转换为图像的方式，能够灵活地将所有可用信息绘制成图。下面让我们来看一下"相空间"的定义吧。

描绘相空间

众所周知，我们会用二维平面的建筑图纸描绘三维的建筑。但如果我们需要描绘的物体不是固定的（如建筑物），而是运动的（如钟摆），情况会如何呢？事实上，我们还是可以用二维图来表示钟摆的水平和垂直运动。

横轴和纵轴可以提供钟摆的位置信息。

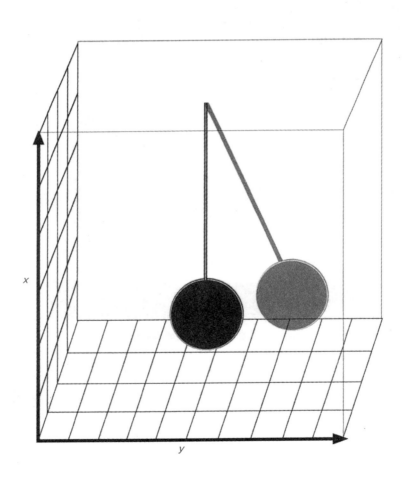

同样的，相空间可以在多维平面上描绘物体的状态。简单的钟摆运动可以在图表上表示出来，其中 x 轴是垂直方向的位移角度，y 轴是角速度。在这个相空间图上，简单钟摆的运动轨迹体现为一个圆。

　　相空间能将枯燥的统计数据转化为生动的图像，从运动物体中抽象出基本信息，使我们能够轻松地掌握系统随时间变化的运行情况。

　　在相空间中，动态系统的全部状态信息会在某个瞬间聚集在一个点。那一个点代表的就是那个时刻的动态系统。在下一个瞬间，系统又将发生变化。该点也会随之转移。

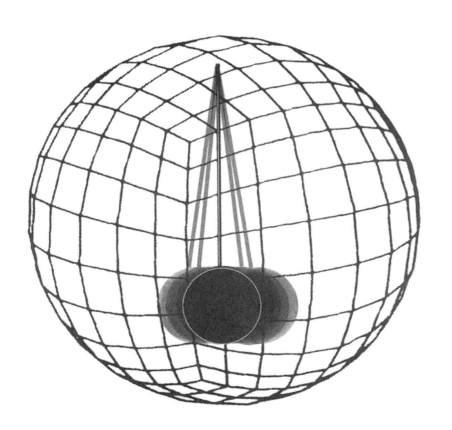

相空间使观察动态系统变得更容易。

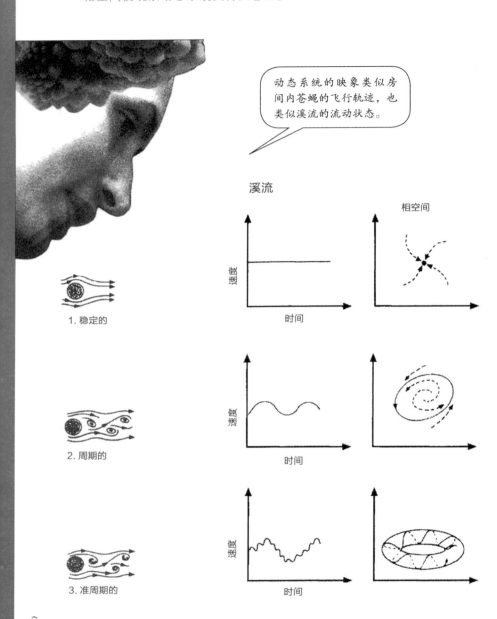

动态系统的映象类似房间内苍蝇的飞行轨迹，也类似溪流的流动状态。

溪流

相空间

1. 稳定的

2. 周期的

3. 准周期的

速度

时间

循环对应周期，螺旋对应变化，空白空间对应物理上不可能发生的情况。

奇异吸引子奇异在何处？

第一，它们的外观奇异。一个多维的虚构对象肯定看起来很奇怪。

第二，奇异吸引子的运动对初始条件有敏感依赖性。

第三，奇异吸引子能使矛盾的现象变得和谐：（a）它们是吸引子，这意味着附近的轨道会向它们聚集；（b）它们对初始条件非常敏感，这意味着最初靠近吸引子的轨道会很快背离它们。

第四，这一点有些棘手——虽然奇异吸引子存在于无限维空间（相空间）中，但其自身的维度却是有限的。

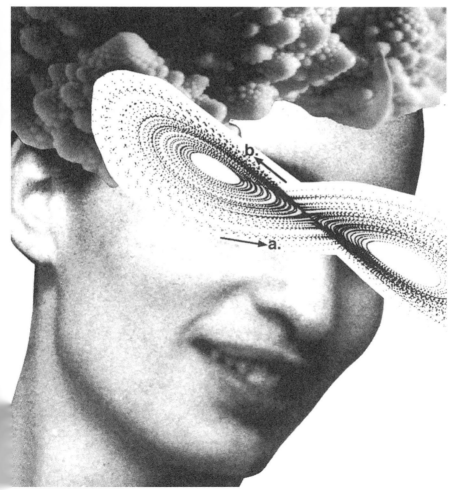

洛伦茨吸引子

最著名的奇异吸引子是洛伦茨吸引子，因最初是洛伦茨发现的而命名。它的图像如下所示：

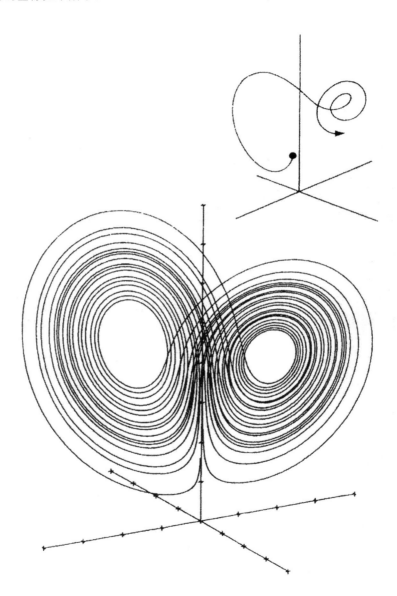

"奇异吸引子"一词是由大卫·吕埃勒所创，他是法国高等科学研究所（IHES）的理论物理学教授。20世纪70年代早期，他在一篇与同事合著的论文中引入了这个术语，他在论文中还指出液体湍流就是混沌现象的一个例子。

　　人们对"奇异吸引子"这个术语一直存有异议。例如，俄罗斯数学家鲍里斯·奇里科夫和费利克斯·艾兹拉夫就认为，只有门外汉才会觉得奇异吸引子很奇异。

　　然而，这个名字对于大多数科学家来说太有吸引力了，于是便确定了下来。奇异吸引子提高了人们对混沌理论的研究兴趣。如今，在任何可能存在随机运动的系统中，研究人员都会到处寻找奇异吸引子。

蝴蝶效应

　　洛伦茨也与"蝴蝶效应"有关。1972 年，他在华盛顿的一次会议上提交了一篇论文，题为《一只蝴蝶在巴西扇动翅膀，会引发得克萨斯州的龙卷风吗？》，然而他自己却并没有直接回答这个问题。

> 不过，他指出，如果扇动一下翅膀就可以产生龙卷风，那么它也可以阻止龙卷风。此外，某只蝴蝶扇动一下翅膀的影响，和其他任何蝴蝶扇动翅膀的影响并无二致。

两个因素使得"蝴蝶效应"成为混沌的象征。首先，在洛伦茨最早研究的混沌系统中，著名的奇异吸引子的图像就是一只蝴蝶。所以一些人很自然地认为"蝴蝶效应"是以这个吸引子的名字命名的。其次，詹姆斯·格莱克在他的畅销书《混沌》（*Chaos*，1988）中也赋予了"蝴蝶效应"一个神话般的地位。

"蝴蝶效应"说明初始条件和些微变化在混沌中都是非常重要的。

在雷·布雷德伯里的短篇小说《雷霆万钧》（*A Sound of Thunder*）中，一只史前蝴蝶的死亡改变了当代一次总统大选的结果。

大卫·吕埃勒

　　数学物理学家大卫·吕埃勒对湍流的研究推动了混沌理论的发展。此后几十年来，湍流一直是物理学家研究的一个重要问题。为量子物理学贡献了"不确定性原理"的沃纳·海森堡（1901—1976），临终前还对它念念不忘。

什么是湍流？

走进浴室，你就能看到湍流。轻轻拧开一点水龙头，你就可以看到水流匀速稳定地落到水槽内。水柱似乎一动不动——当然，水龙头是正常出水的。

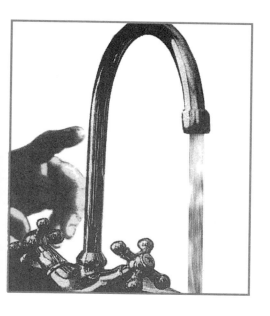

如果你把水龙头再拧开一点，就可以让水柱规律地颤动。这就是周期性运动（periodic motion）。

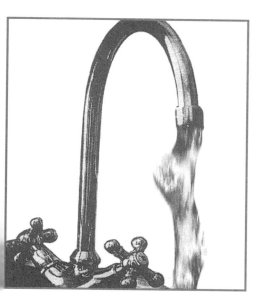

你再把水龙头拧大一些，水流颤动就变得不规律了。最后，当水龙头开关完全被拧开时，你会发现水流乱涌，变得非常不规律。这就是湍流。

湍流是怎样发生的?

湍流是各个流层间混乱无序运动的现象。它不稳定且具有高耗散性，这意味着它会消耗能量并产生阻力。稳定流畅的水流是如何变为无序湍流的？湍流难题令人费解之处就在于此。

一缕平稳飘升的香烟烟气是如何突然扩散成缕缕烟雾的？

吕埃勒的方法

　　事实上，流体运动的方程式是无解的。它们是非线性偏微分方程。吕埃勒决定用一种抽象的方法代替常规的解决方法。

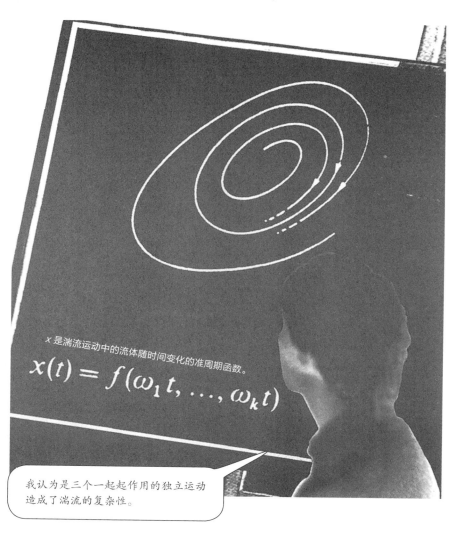

x是湍流运动中的流体随时间变化的准周期函数。

$$x(t) = f(\omega_1 t, \ldots, \omega_k t)$$

我认为是三个一起起作用的独立运动造成了湍流的复杂性。

　　1971 年，吕埃勒与荷兰数学家弗洛里斯·塔肯斯共同撰写了题为《论湍流的本质》（*On the Nature of Turbulence*）的文章，发表了他的研究结果。（实际上，吕埃勒是该期刊的编辑，他审核并收录发表了自己的这篇论文。一般来说这是不合程序的，但他认为特殊情况可以特殊处理。）

尽管吕埃勒的论文中的许多数学知识都是模糊的或完全错误的，但它也包含了一些能给人留下持久印象的内容。

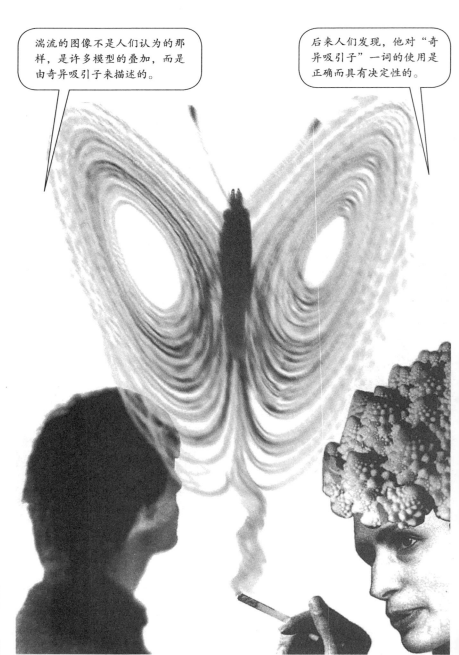

湍流的图像不是人们认为的那样，是许多模型的叠加，而是由奇异吸引子来描述的。

后来人们发现，他对"奇异吸引子"一词的使用是正确而具有决定性的。

新问题接二连三地出现。如何将无限个循环和螺旋纳入有限的空间内？这么小的空间里怎么能表现这么多运动？为什么要用无限的逻辑去理解某个时间点的作用？吕埃勒猜测湍流中存在的模式（随机出现又消失）一定与一些尚未发现的规律有关。关于湍流，有一件事是我们已知的，大的周期范围是会在某一瞬间出现的。但这种现象又如何描绘呢？它能用简单的方程呈现吗？吸引子必须是稳定的，并且代表动态系统的最终状态。它也必须是非周期的，永远不会重复自身，不会与自身有交叉。

为了保证每一次变化的规律性，它必须在有限的空间内无限地延长——它一定是分形的。

但是，"奇异吸引子"这个术语在当时还不为人所知。吕埃勒却坚称一定存在这种东西。

当相隔遥远的德国和日本都开始有学者研究"奇异吸引子"后，他的观点终于得到了证明。

罗伯特·梅和动物种群

罗伯特·梅（生于 1936 年），澳大利亚数学家、生物学家，曾在普林斯顿大学工作，后来成为牛津大学皇家学会研究教授。他在种群数量动态研究领域的开拓性工作促进了混沌理论的发展。

我研究了捕食者–食饵种群，发现环境中的非线性反馈力导致动物种群数量的伪随机变化。

某一物种的数量，例如羚羊，每年都会有变化。根据某年的种群总数可以预测下一年的情况。

不像钟摆或斯诺克球桌上的台球，动物群体数量不受"牛顿定律"的作用。

传统观点认为，通常种群数量会围绕一个点上下波动——捕食者的数量、食物供给、环境和疾病都会影响种群数量。

因此，如果种群数量超过特定水平，食物供给将会减少，更多的动物就会饿死，而后种群数量将恢复"正常"状态。因此，种群数量如果在某年达到最高，那接下来的一年将会回到中等水平。

梅的分岔

20 世纪 70 年代，梅的研究表明，用于描述动物种群数量波动的方程实际上比人们的预想更复杂。他发现，随着参数值升高，系统会逐渐分裂，种群数量将在两个交替值之间振荡。

生态学家以前曾研究过这些方程。但他们一直在寻找常量，而忽略了图表中所包含的信息。梅和他的同事们查看了图表，发现了"更深层次的含义"。

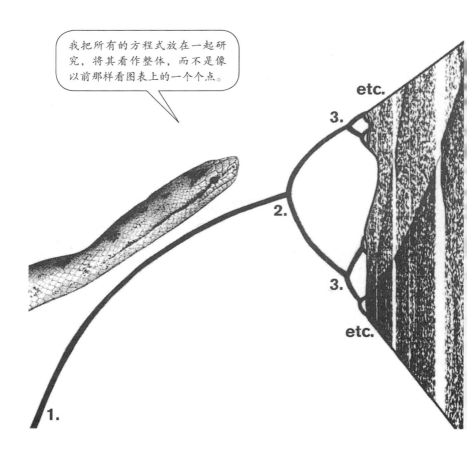

我把所有的方程式放在一起研究，将其看作整体，而不是像以前那样看图表上的一个个点。

梅将他的发现描述为"数学草丛中的蛇"，并将这些变化称为分岔（bifurcation），就像我们在第 24 页看到的那幅图。他的研究证明了生物系统是受非线性机制控制的。

现实生活中的混沌现象

　　梅观察到，在实验室中，动物种群数量的变化并不是混沌的。实际上，它们会根据环境因素的变化围绕一个点波动，即实验室中种群数量的变化是线性的。但这并不能反映出现实世界的情况，因为实际情况下种群的数量会成倍增长。

人们借助计算机可预测动物种群的情况。在计算机的虚拟世界中，研究者可以调节可能影响动物生活的各个因素。

还可以通过类似改变昆虫产卵数量的操作引入环境随机性因素。

　　虽然这很有趣，但并不能完全覆盖现实生活中的所有事件。物种间相互作用，我们永远无法知道能影响种群的全部因素。正如梅所说："遗憾的是，故事的这部分确实不够精彩。"

米切尔 · 费根鲍姆：非线性模式

　　彼时还是麻省理工学院研究生的米切尔·费根鲍姆第一个证明了混沌不是数学界的偶发怪事，而是非线性反馈系统的普遍属性。他提出了第一个重要的理论证据，证明现实世界的诸多情境中都存在混沌。

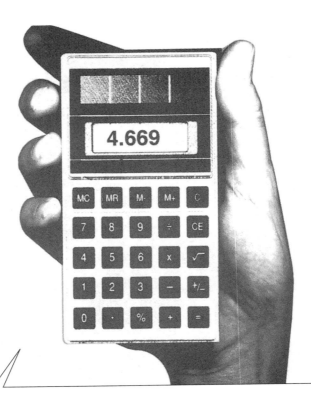

> 我在研究时注意到，不同非线性系统间存在某种共通的模式。它是运算所得的一系列数字的极限。我通过手摇计算器得出的计算结果显示，这个特殊的数字是 4.669。

　　费根鲍姆咨询了他的同事，同事建议他使用更多数据和更先进的计算机检验计算结果。计算机得出了 4.6692016090 这一数字。这让费根鲍姆确信将会有重要发现。

"想象一下，一位史前动物学家认为某些东西比其他东西重（这些东西存在一种动物学家称为'重量'的抽象特性），他想要用科学的方法研究这一特性。实际上，他从来没有真正测过重量，但他自认为对此还是有一定了解的。他看着大蛇和小蛇、大熊和小熊，猜测这些动物的体重可能与它们的体型有某种关系。他做了一个天平并开始给蛇称重。令他惊讶的是，每条蛇的重量都相同。同样令他惊愕的是，每头熊的重量也都一样。而更令他不可思议的是，熊的重量竟然与蛇相同。它们称重时显示的数字都是4.6692016090。显然，'重量'这个概念和他所设想的不同。整个概念需要推翻重新思考。"（格莱克，《混沌学》，第 174 页）

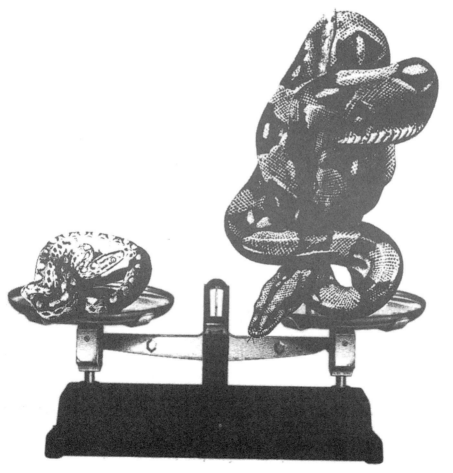

简单方法解决复杂难题

费根鲍姆不知道为什么会出现这种规律。他假设他的数值函数表明了系统处于秩序和混沌之间过渡点上的自然规律。数值中的模式暗含了混沌的模式。最终，他创造了普适性（universality）这个词来解释他的发现。虽然这个词并没有解释这种现象，但它确实对优美数学和实用理论之间的关系产生了影响。

普适性表明，通过解决一个简单的问题，物理学家可以解决难度大得多的问题。因为答案会是一样的。这也意味着不同的系统将会有相同的行为表现。

4.6692016090

对此，物理学家们很难接受，因为他们一直认为难题就需要复杂的解决方法。因此科学界花了些时间，费了一番周折才最终接受费根鲍姆的发现。

伊利亚·普里果金：耗散系统

比利时化学家伊利亚·普里果金（生于 1917 年）是混沌学真正的先驱之一。 1977 年，他因对耗散结构的研究获得了诺贝尔化学奖。普里果金是第一个引入耗散系统和自组织概念的人，并说明了产生耗散结构的条件是"远离平衡态"（far from equilibrium）。

宇宙中的某些部分是封闭区域，像机器一样运作，但它们仅是宇宙的一小部分。

其他大多数区域是开放的，会与环境交换能量或信息。

生态和社会系统是开放的，因此用机械的术语去理解它们是行不通的。现实世界的大多数系统并不稳定，而是充满了无序和变化。

从无序到有序

　　普里果金区分了"处于平衡态""趋近平衡态""远离平衡态"的系统。如果在数量较少的种群中，增加一定出生和死亡人数不会产生很大影响，那么这个种群就处于平衡态。但是，如果出生率突然失控升高，种群就会远离平衡态，就可能发生奇怪的事情。在远离平衡的系统中，我们可以看到物质被戏剧性地重组。从无序到热混沌到有序。物质的新动态可能会出现，即反映特定系统与周围环境相互作用的状态。普里果金将这些结构称为耗散结构，因为它们需要更多的能量来维持。通常情况下，耗散结构会涉及一些衰减过程，如摩擦。

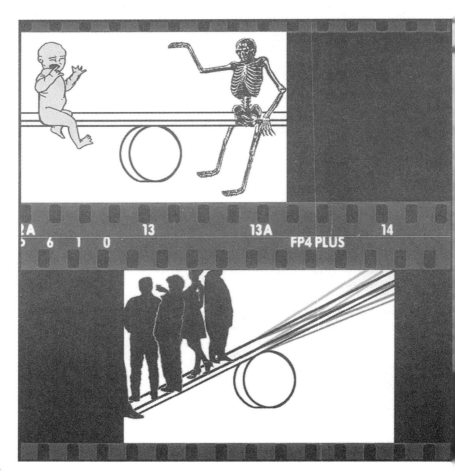

自组织与时间

　　此外，当远离平衡的系统进入混沌时期时，它会"自发地"进入一种不同的秩序层次。最初，普里果金关于自组织的想法极具争议性。他还把时间代入了混沌和复杂性的方程中。

时间阻止了所有事物同时发生的可能性。

时间与熵的问题

在牛顿物理学中，时间是"事后加上的"（after thought）因素。牛顿认为每个时刻和其他时刻都是一样的。机器可以向前或向后运转，时间并不重要。然而，热力学及其至关重要的第二定律则将时间放在了核心位置。机器在损耗，而时间只能是单向的。熵（entropy）是不可逆的——宇宙面临热寂。

普里果金认为，时间只能随机地出现。

只有当系统以足够随机的方式运行时，我们才能区分过去和未来之间的差异，描述它的不可逆性。

未来

过去

秩序的来源

在一些化学反应中，两种液体会扩散、混合，直至同质均匀。它们无法逆转扩散的过程。每个时刻的液体都不同，因此"时间是有方向的"。化学家认为这是一种异常现象。

这些单向发生、与时间相关的过程不是异常现象。情况或许是反过来的。时间可逆的封闭系统或许才是异常现象。

实际上，不可逆的过程才是秩序的来源——这也是普里果金最著名的作品《从混沌到有序》（*Order out of Chaos*，1984）书名的由来。

普里果金说:"对远离平衡的研究使我深信不可逆转性有建设性的意义。它使形式得以存在。它使人类得以为人。"

不可逆的时间不是异常现象,它与可逆的时间密切相关。这不是非此即彼的情况。可逆性仅适用于封闭系统。不可逆性适用于宇宙中的其他系统。

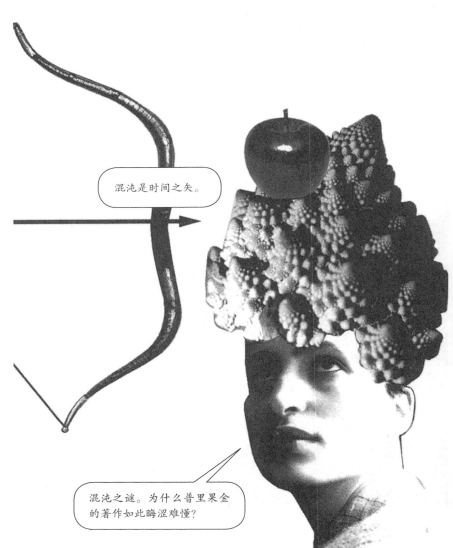

自组织的其他特征

　　普里果金将系统能够自行组织其内部结构而不受外部因素影响的现象称为自组织。这种自组织系统还表现出了混沌的其他特性：非线性、反馈、分形结构和敏感依赖性。在普里果金提出这个概念之前，法国物理学家贝纳德曾展示过一个自组织实例。

　　贝纳德的实验是这样的：他将一些液体倒入容器中，然后从底部加热。

开始时，被加热的底部和冷却的顶部之间温度差较低，热量向上传导，液体中没有观察到任何大幅度的运动。然而，随着底部和顶部之间温差增加，达到一定的阈值时，液体中的运动变得不稳定和混乱起来，接着一个有序的模式突然出现。随机运动的液体分子突然呈现出明显的大幅度运动，运动范围比自身体积大数百万倍。若液体盛放在圆形容器内，运动的水滴团会在水面上构成六边形图案。这种图案的形成是因为受热的液体从蜂窝状的结构中心上升，而较冷的液体沿着中心结构的边沿落下。这似乎是某种力作用的结果，但实际上却并不存在这样的力。秩序是自发形成的。这就是一个正在运行的自组织！

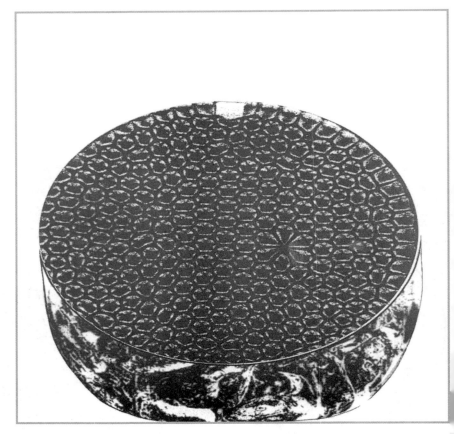

> 自组织系统有三个主要特征。

1. 它们是开放的，是环境的一部分，但却能够形成某种结构，并在远离平衡的条件下也能维持。这打破了传统的观点，即开展研究的条件是系统必须独立于环境而存在。这些系统也不符合热力学第二定律，热力学第二定律认为系统应该向着分子无序运动的方向发展，而不是有序。

2. 这些系统中的能量可以自发地自我组织，在远离平衡的条件下创造和维持某种结构。自组织系统还创造了新结构和新行为模式。因此，自组织系统是具备"创造性"的。

3. 自组织系统的复杂性表现在两个方面。首先，它们的组成部分非常多，无法确定各部分间的因果关系。其次，它们的组成部分通过反馈回路的网络互相连接。

生活本身就是自组织的一种表现形式。

周期 3 意味着混沌

　　"混沌"一词的创造要归功于马里兰大学两位数学家李天岩和詹姆斯·约克。该术语最早出自他们 1975 年发表的一篇标题比较特别的论文，《周期 3 意味着混沌》（*Period Three Implies Chaos*），该文此后被多方引用。那么，什么是周期 3 呢？

　　李天岩和约克证明，建立一个有 3 个周期点、能重复自身却不产生混沌的系统是不可能的。约克这样解释了他的发现："在任何一维系统中，如果出现了规律的周期 3 循环，那么该系统还将出现其他任意周期长度的循环，还会出现完全混沌的循环。"

让我们换种说法。以昆虫的种群数量为例。对于某昆虫种群，当表示数量增长的参数率 r 增加时，昆虫数量也会增加。随后，在到达临界点时会一分为二出现两条线，即分岔。这和昆虫数量周期从一年变为两年的情况是相符的。随着参数的增大，这两条线将再次分岔，数量的重复模式将逐渐被打破。突然之间，图表的整个区域都变成黑色，混沌出现了。

然后，突然间，固定周期的窗口出现，而且都是奇数，如 3 或 7。

这意味着此时昆虫数量会以 3 年或 7 年为周期循环。

　　任何在周期 3 循环内重复自身的系统都会产生混沌。没有混沌，该系统就不可能存在。

这种对混沌的专业描述似乎和混沌通俗的定义是相符的。因此，无论他们是否有意为之，李天岩和约克都成功地创造了一个新的科学术语。

混沌是一个承载了很多含义的术语。作为一门新科学的名称、一种看待自然界的新视角，它得到了广泛运用。但是对于一些从方法论角度来说已经研究透彻的现象，它却仍然无法准确或清晰地解释它们的本质。许多科学家认为，对于一门新科学来说，"混沌"不是一个好名字，因为它暗含随机之意。对于他们来说，该理论的最重要的信息在于，自然界的简单过程可以筑造起复杂的大厦，而且不会产生任何随机行为。

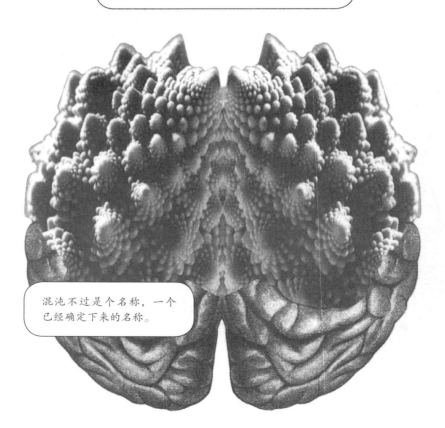

要解码和解密像人脑那样复杂的结构，你可以在非线性和反馈中找到所有必需的工具。

混沌不过是个名称，一个已经确定下来的名称。

迈向混沌边缘：复杂性理论

20 世纪 80 年代，对混沌的研究进一步深入，研究者们开始探讨现实世界的情况。科学家开始进行实验，探寻物理系统中的混沌。此举意义非同寻常，因为它将理论抽象领域的混沌变成了自然的客观特征。

与此同时，"混乱边缘"的现象开始引发诸多领域科学家们更广泛的关注。于是，复杂性理论（complexity）这门更新的学科应运而生。

什么是复杂性?

混沌理论研究的非线性动态系统中有许多自变量在诸多方面相互作用，所以它们是属于复杂系统的。这些复杂系统能够在秩序和混乱间找到平衡。这个平衡点被称为混沌边缘（the edge of chaos），即系统处于稳定和完全混沌之间的一种蛰伏状态，具有许多特殊属性。

复杂性是一门研究复杂系统的新科学。它研究"混沌边缘的生命"，探索在那个状态下复杂系统的特性。

许多相互依赖的变量之间会有丰富多样的相互作用，使得复杂的系统能够自我组织。自我组织的过程自发地产生，好像背后有什么魔法似的！想想一群鸟儿往迁徙地点飞。它们自我调整、适应同伴，并在不知不觉中自我组织成了规则的群体，飞成了某种图案。

通过简单的买卖行为，人们将自己组织成一个经济体。

行为都是自发的，没有人领导或有意识地计划、组织。

原子间相互作用形成化学键并将自身组织成复杂的分子。自发自组织（spontaneous self-organization）行为是复杂系统的主要标志之一。

适应与关联

　　复杂系统的另一个主要特征是适应性（adaptive nature）。复杂系统不是被动的，它们会积极地反应，向着有利于系统的方向发展。物种适应环境的变化，市场应对不断变化的环境（价格、技术进步、时尚风格等）。人类大脑不断组织和重组其数十亿的神经连接，以便从经验中学习。

　　复杂系统也突出了事物之间的相互关联性。

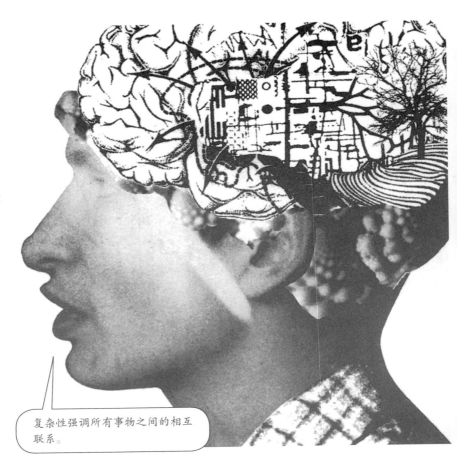

> 复杂性强调所有事物之间的相互联系。

　　所有事物都会联系在一起：树木与气候、人与环境、社群与社群。我们不再是孤立的。所有事物都不是孤立的。

复杂性关注事物是如何发生的,而混沌则倾向于观察与研究不稳定和非周期性行为。混沌试图了解复杂系统潜在的动力学原理,而复杂性试图解决的则是更大的问题。

为什么一定存在某事物而不是空无一物?

什么是生命?

股市为何崩盘?

为什么苏联在几个月内分崩离析了?

为什么古代物种能以化石的形式稳定留存数百万年?

科学记者罗杰·卢因说:"作为处于混沌边缘的生命理论,复杂性包罗万象,内容覆盖胚胎发育、进化、生态系统的动态变化、复杂的社会,甚至盖娅(被视为能进行自我规划与控制的巨大自然体系的地球)——复杂性是关于万物的理论。"

熵外之物

复杂性理论的最大贡献在于，它表明热力学第二定律无法定义一切。第二定律将"时间之矢"引入物理学，并指出宇宙中的熵或无序只能向一个方向发展——它只能增加。宇宙的终极状态注定是完全无序的。

复杂性表明并非所有系统都会向无序或熵增加的方向发展。

大自然包含着深层次的秩序，这种秩序会自然而然地"出现"。

随着时间的推移，新变量出现，并且不需要外力来"形成"。这对物理学家来说不算什么，但对生物学家来说却是一个难题，因为它似乎与达尔文主义相矛盾。

近年来，圣菲研究所（Santa Fe Institute）进行了大量关于复杂性的研究。圣菲研究所成立于 1984 年，是一个成就卓著的跨学科中心，专门研究复杂性理论。

混沌和复杂性似乎正在共同推动着世界的发展。所有真实的东西都是混沌的——太空飞行、电子线路、沙漠、丛林生态、股市、国民经济，不胜枚举。所有生命系统以及大多数物理系统，都是复杂系统。

鉴于它们具有互补的特性，将混沌和复杂性联系在一起是有道理的。

混杂性

三位欧洲学者乔治·安德拉、安东尼·邓宁和西蒙·福格提议："把混沌和复杂性融合在一起，构成混杂性（chaotics）。"

他们认为，可以基于混杂性创建一个新框架。在这个新框架内，不仅可以找到解决问题的新方法，同时还可以拓展思路，寻找解决问题的新途径。

> 混杂性不仅会影响答案，还会影响提出问题的思路。

让我们来看看混沌与复杂性（或者说是混杂性）是如何在物理世界得到应用，又是如何改变我们对生命、宇宙和其间事物的认知的。

混沌与宇宙

　　宇宙的各个角落都在上演着复杂的动态变化。星系旋转；超新星爆炸发出冲击波，孕育新星，产生混沌；黑洞吞噬了爆发瞬间产生的能量；中子星以疯狂的速度旋转着……行星呈现出分形图案，说明其表面发生了混沌行为。

庞加莱的发现

　　混沌理论出现之前，太阳系被视为"天体力学"的完美典范。尽管事实上在 20 世纪初，法国物理学家和数学家亨利·庞加莱（1854—1912）就已经证明，当人们研究两个以上天体的运行轨道时，会遇到很棘手的问题。于是他在相空间中定性地绘制了三个行星的轨道，然后观察了其中一部分。

> 我的研究结果表明，第三个天体的存在可能导致某一个天体旋转、晃动，甚至飞离轨道。

　　那时庞加莱和其他研究者还不知道，他发现的现象其实就是混沌。

　　庞加莱的发现表明太阳系是混沌的，离湮灭仅有一步之遥，然而这一发现却被忽视了几十年。

稳定性的条件

20世纪50年代和60年代，三位俄罗斯科学家安德烈卡·科尔莫戈罗夫、弗拉基米尔·阿诺德和于尔根·莫泽延续了庞加莱的研究。他们发现，确保一个三体行星系统稳定需要满足两个基本条件。

第一个条件是共振（resonance）。

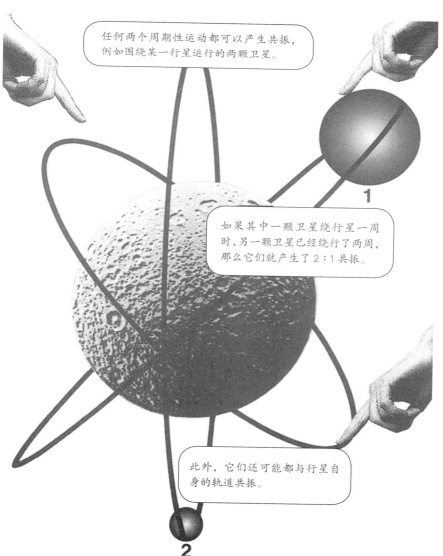

任何两个周期性运动都可以产生共振，例如围绕某一行星运行的两颗卫星。

如果其中一颗卫星绕行星一周时，另一颗卫星已经绕行了两周，那么它们就产生了2:1共振。

此外，它们还可能都与行星自身的轨道共振。

1

2

准周期稳定性

对于三个处于稳定轨道的行星来说，它们的共振不应是 1：2 或 2：3 这样简单的比率。为了保持稳定，行星运行必须是准周期的，也就是说，周期永不重复。

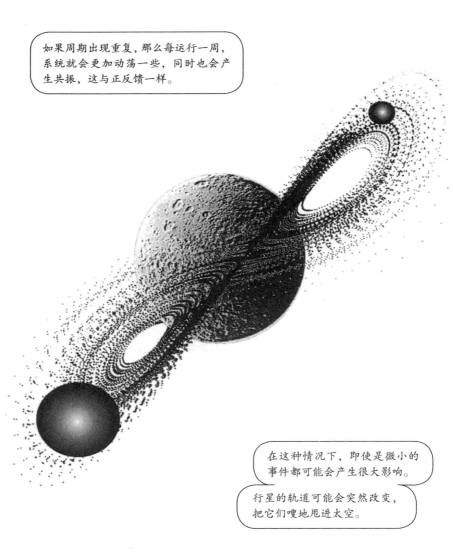

如果周期出现重复，那么每运行一周，系统就会更加动荡一些，同时也会产生共振，这与正反馈一样。

在这种情况下，即使是微小的事件都可能会产生很大影响。

行星的轨道可能会突然改变，把它们嗖地甩进太空。

KAM 定理

稳定性的第二个条件是万有引力（gravitation）。

俄罗斯科学家将这个条件归纳成了一个定理。以这几位科学家姓氏首字母命名的 KAM 定理认为：如果给一个可解的简单线性系统增加些微干扰，那么该系统的性质仍保持不变。

换句话说，如果第三颗行星的影响和澳大利亚一只苍蝇的引力差不多大……

……那么这三个天体将保持在稳定的轨道。

遗憾的是，我们的太阳系严格来说并不能满足这些条件。

土星的卫星

根据 1981 年飞越土星的航海家 II 号（Voyager II）传回的信息，科学家们发现，在进入稳定的准周期轨道之前，太阳系中的许多卫星都会有段时间处于混沌状态。

围绕土星旋转的椭圆形卫星土卫七（Hyperion），目前就处于混沌状态。

其他卫星，如海王星最大的卫星海卫一（Triton），在处于混沌状态时就曾蚕食其他卫星。天文学家认为，冥王星的轨道上可能也存在一个混沌区域。

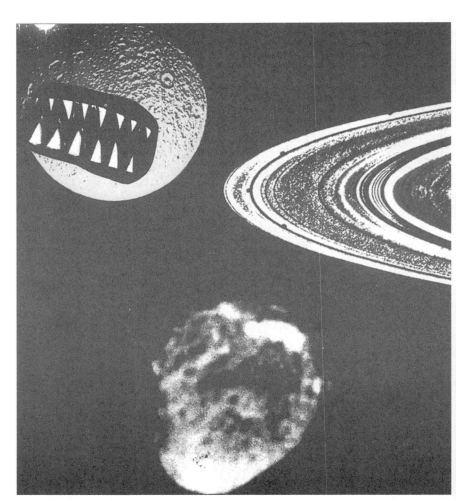

混沌使小行星无法固定在太阳系的某处。火星和木星之间的小行星带存在许多空隙也是这个原因。

　　土星环也存在轨道间隙。土星及其卫星产生的重力反馈效应造成区域性的混沌，行星无法在那些区域停留，因而产生了空隙。

混沌的宇宙

　　天文学家还远不能基于混沌理论创造出太阳系诞生时的模型。但我们已不再将太阳系视为简单的机械钟。它是一个不断变化的复杂系统。

你觉得那里会有一只振翅的蝴蝶吗?

量子混沌

　　或许宇宙本身就是混沌的产物。人们通常认为，宇宙形成之初发生的波动创造了星系。混沌可能就在其中发挥了一定的作用。

当时，宇宙处于类似混沌的状态中，唯有量子理论能够描述当时所发生的一切。

因此，或许当时发生的正是量子混沌（quantum chaos）。

　　为了更好地理解这一点，我们先来简要地了解一下量子物理学吧。

量子理论简史

量子物理学是一种关于微观世界的理论，仅适用于原子世界。20 世纪 20 年代以来，我们已经知道牛顿的经典物理学只能近似地解释亚原子世界。

19 世纪中期，科学家们开始意识到有些事物并不符合牛顿定律。

小球的路径可能符合牛顿定律，但受热物体的辐射曲线却不是这样。

这种辐射的主要问题在于，金属一旦受热，在某些频率下会释放出比其他物体多的辐射。

以一个假想物体——黑体（black body）为例，若将其辐射强度与频率之间的关系绘制成图，会得到一个非常著名的曲线。

黑体问题

辐射量达到峰值后就会下降。不同温度下，峰值有所不同。德国柏林大学教授马克思·普朗克（1858—1947）意识到经典物理学失效了，而在此之前没有人知道这是怎么回事。

起初这个假设让他很困扰，但随后的实验进展顺利，最终还有了一个惊人的新发现，即普朗克常数。众所周知，普朗克常数与原子结构有关。

普朗克常数的应用

英国核物理学家欧内斯特·卢瑟福（1871—1937）曾将原子世界视作一个小太阳系。原子核就代表太阳，电子代表行星。尼尔斯·波尔（1885—1962）将普朗克常数应用到了卢瑟福的模型中。

我发现它能够解释很多问题，比如氢原子的谱线。

受热的氢发出的光透过分光镜时会出现光谱线（spectral line）。运用这个理论能够推测出所有线的位置。然而，当波尔将这个新思路应用于更复杂的氦原子时，却大失所望——理论失灵了。一定有些东西还没搞清楚。

概率波

法国贵族后代路易·德布罗意（1892—1987）弄清楚了这个"东西"。他认为粒子或许与某种波有联系，他设想这种波的类型是静止的。

埃尔温·薛定谔（1887—1961）意识到需要建立一个波动方程（wave equation）。

1926 年，马克斯·玻恩（1882—1970）认为波函数（wave function）并不代表波本身，它代表的只是概率。

氢原子的每个轨道都有不同数量的波峰，但这个数量总是一个整数。

我用"波函数"来解释当时物理学中的许多相关问题。但"波函数"究竟是什么，我也不是很确定。

它给出了在特定位置找到某个波的概率。

$$\frac{\partial^2 \psi}{\partial x^2} + \frac{8\pi^2 m}{h^2}(E-V)\psi = 0$$

这就是量子理论的基础：波峰固定的概率波。

量子物理学中的混沌

　　量子理论适用于原子世界：粒子被控制在不同的能量级内。最低的能级是基态，系统通常存在于这一级。当光线照射到它们之上时（或者用术语来说，当它们被光子击中时），原子会跃迁到更高能级或变为激发态。

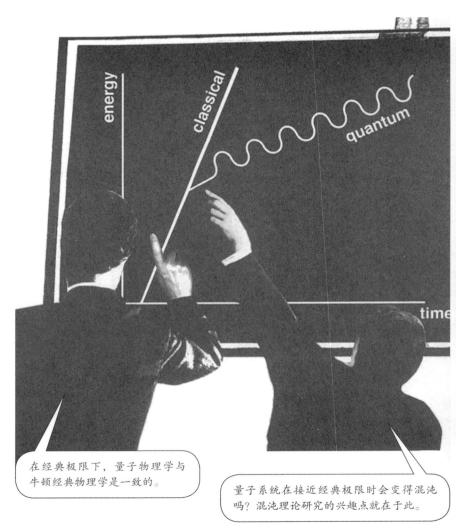

在经典极限下，量子物理学与牛顿经典物理学是一致的。

量子系统在接近经典极限时会变得混沌吗？混沌理论研究的兴趣点就在于此。

　　20 世纪 80 年代人们研究了这个问题，并有了惊人的发现。

物理学家研究了高激发态原子中的电子在受到辐射时是如何吸收能量的。高激发态原子指的是电子被激发到高激发态能级结构、接近量子物理向经典物理过渡的临界点的一类原子。

这种抑制是一种微妙的波干扰效应。

临界状态的混沌

科学家们通过对原子施加磁场，在量子层面上研究混沌。在低磁场中，电子被原子核吸引，没有产生混沌。

在强磁场下，磁场的引力较大，原子核对电子的吸引力较弱，所以电子围绕磁场线运动，也没有发生混沌。

然而，在这两种状态之间时，电子就不清楚该去哪里，混沌就产生了。

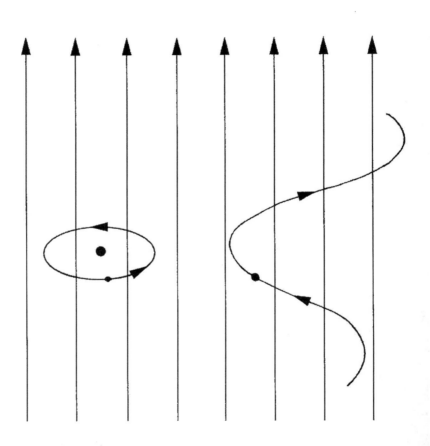

1. 在弱磁场中，电子处于原子核周围的轨道上。

2. 在强磁场中，电子绕磁场线运行。

当电子被许多分子驱散时，也会发生混沌。电子从分子中间穿过，运行轨迹是混沌的。其进入方向或能量的微小变化都会对运行路径和离开的位置产生较大影响。电子的运行路径只能用量子力学原理来计算。并且，因为它对初始条件比较依赖，所以也具有混沌的特性。

　　通常情况下，研究人员会在有一定量子影响的"半经典"（semi-classical）系统中寻找混沌。但量子混沌领域还处于萌芽阶段，仍有许多需要研究的东西。

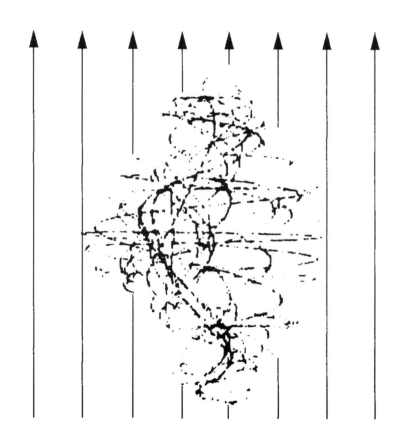

3. 混合场中会发生混沌运动。

混沌与经济学

　　21 世纪前的二十年里，商业环境发生了翻天覆地的变化。资本能够通过电子信号瞬间转移，世界被连为一体，成为一个单一的全球市场。在全球电子市场中，任何微小的变化都可以迅速扩大影响并引发严重的市场动荡。现代高科技公司与传统企业的差别立现。技术创新日新月异，一家独大垄断市场的传统观念一去不复返。

越来越多的经济活动将不再涉及实体物质商品——"无重经济"（weightless economy）正在发展，制造业向服务业转型。

　　价值在网络空间中产生，而就业、养老金和福利则不断非物质化。数千年后，"金本位"的货币价值将变成明日黄花。或许动荡将成为未来的常态秩序。所有东西都将"供人竞购、待价而沽"。

在这种情况下，相比传统的经济学理论，混沌和复杂性（或者说混杂性）理论能帮助我们更好地理解当下发生的一切。事实上，混沌和复杂性不仅颠覆了标准经济学理论，同时也使我们更加乐观地看待财富创造的前景。

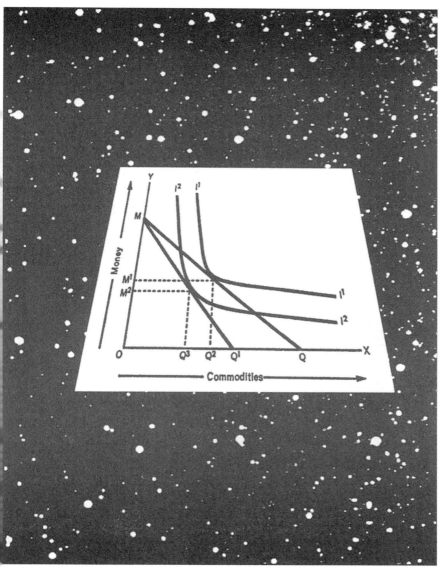

经济学中的反馈

　　混沌学质疑了教科书中经济均衡的概念。这一质疑始于反馈的概念。

　　经济学术语中的负反馈类似于收益递减（diminishing returns）；正反馈则指收益递增（increasing returns）。这种看待事物的方式并不新鲜。

18世纪的英格兰，企业家在收益递减的情况下进行商业活动。

而同时期的法国，人们却是在收益递增的情况下经营，他们都冒险把赌注押在获得长期效益上。

　　当下的市场情况不像大多数经济学教科书中所写的那样，反而与18世纪的法国类似。

人们通常认为，在经济活动中必须等到最后阶段才能知道天平会倾向哪一边。当一家公司的净收入最大化时，我们就说该公司处于"均衡状态"（in equilibrium）。这被认为是"通过特定的投入组合而获得的利润最大的产出状态"。

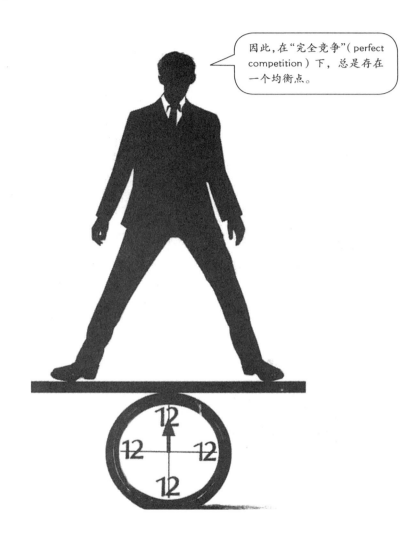

因此，在"完全竞争"（perfect competition）下，总是存在一个均衡点。

　　能改变投入数量或产出水平的外部诱发因素并不存在，因为只要移动物体就可能会影响均衡点的位置，导致失去稳定。

　　然而混沌却告诉我们，实际上，市场存在多个均衡点。

关于均衡状态的问题

吕埃勒对"均衡状态"有一些有趣的看法。

长期以来,遏制贸易壁垒一直被视作让各方获益的最佳方式。但是否真的如此呢?

贸易从来不是单纯发生在两个国家之间,而是会牵涉诸多相互关联的国家和个人。这种动态变化系统可能不会达到均衡态,而只会产生混沌。与人们的常识相反,政府为了更好地达到均衡而设计的最佳计划,实际上可能导致相反的结果——完全的混沌。

此外，收益递减规律是单一均衡概念的基础。收益递减这一经济规律表明："某一可变要素（如劳动力）均等增长，其他固定因素（土地、技术技能、组织人才等）的投入量保持不变，连续增长的产值在一段时间后会逐渐减少。"

混沌对这一规律提出了挑战，直击"竞争条件下存在稳定经济系统"这一观念的要害。

乔治·安德拉说："传统的经济学家坚持这一观念大多是因为'知识舒适圈'（intellectual comfort）……但墨守成规是无法对抗残酷现实的。"

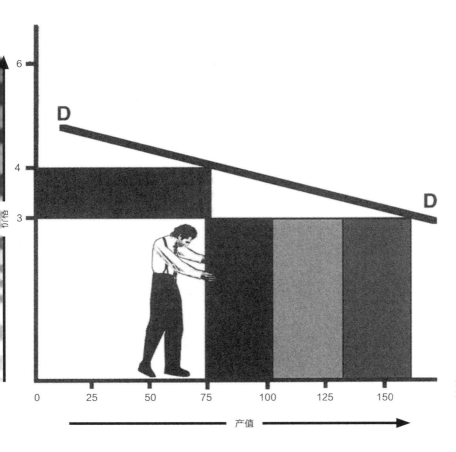

高科技产业的收益递增

　　随着高科技产业的兴起，将此规律片面地解释成"单一均衡"现象的说法已经站不住脚了。计算机、软件、光纤和电信设备、医疗电子产品和药品都符合收益递增规律。因为这些行业从一开始的研发设计、规划、开发原型、搭建生产线到投入自动化生产，就已经花费了巨资。

飞机制造商（如波音公司）每次研发新机型时，都会投入超过公司净资产一半的资金。

　　不过，一旦产品开始从生产线上批量生产出来，生产其他同模型产品的花费相对于初期投资来说就会骤减。

我们如何协调收益递减的传统假设与明显收益递增的实际趋势呢？斯坦福大学和圣菲研究所的 W. 布赖恩·阿瑟对正反馈在经济活动中的关键作用提出了新的见解。他意识到正反馈使经济系统以类似非线性系统的方式运行。

　　一旦经济发展到达某个临界点，市场也被拉到教育和发展的某一新阶段，正反馈就会促进销售。对于某个特定的技术来说，随着使用者的增多，它也会逐步得到完善，因而对设计者、使用者、潜在制造商和卖家来说也将更具吸引力。

　　软件一旦经过编写、测试、调试和改进，复制的成本就会变得低廉。因此，它可以成为利润不断增长的巨大收益来源——直到生产者决定推出一个新版软件为止。

注意"初始条件"

　　对初始条件的敏感性关乎产品的存亡。录像机（VCR）的故事就是很好的例证。当年，索尼的柏特麦克斯（Betamax）录像机率先进入市场，击败了竞争对手日本胜利公司（Victor Company of Japan, Limited, JVC）。JVC 这家日本小公司开发的是另一种竞品，家用录像系统（Video Home System, VHS）。但是，在随后很短的时间内，VHS 却完全占领了市场。传统经济学无法解释其中缘由。VHS 没有像人们预想的那样划分市场，而是接管了整个市场。混沌理论学家强调了两家公司之间的相似之处。两台录像机大约在同一时间推出，价格也大致相同。但一些微不足道的"紧急阶段、偶然事件"使 VHS 在竞争中占了上风。

吕埃勒还说过："虽然系统可能对初始条件具有敏感依赖性，但这并不意味着一切都是不可预测的。找到什么可以预测、什么不可预测，是一个深刻而未解的问题。"

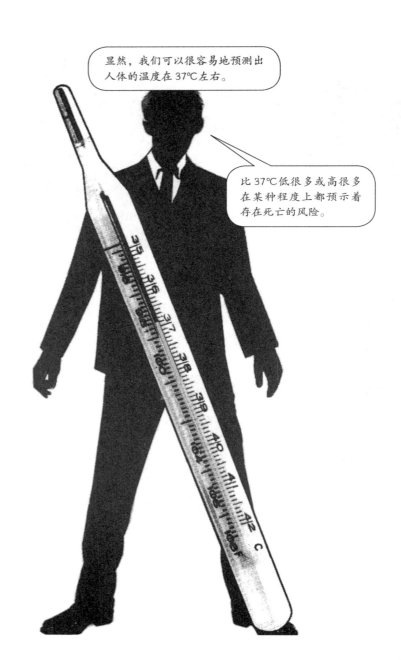

古典经济学的终结

OUTPUT

CAPITAL LABOUR

在新古典经济学的视角下，如果投入（资本和劳动力）翻倍，产出就会翻倍。

然而，随着非线性系统的应用，以及多渠道的投入和复杂的反馈回路，新古典经济学的规律不再适用。

如果综合考虑所有要素，生产函数会表现出收益递增的趋势。因此，如果将所有要素的投入加倍，产出会超过双倍。企业能够"在提高产量的同时降低成本和售价，并以此作为促进销售的手段"，从而获得更多的利润。因此，"完全竞争"的新古典主义论断被抛到了一边。

如何进行垄断

　　现在，越来越多的公司在收益递增的情况下开展商业活动。这种情况造成了事实上的垄断。微软的成功就是如此：一旦研发某种软件（如 Windows 95）的初始成本收回之后，收益就会持续不断地增长，并最终走向垄断。

这种趋势将逐渐破坏西方世界的竞争性经济结构。

我们都是微软用户了。抵抗是徒劳的。你将被同化。

　　西蒙·福格说："这不正像日本的围棋吗？你赢得的越多，越容易围死对手。"

混杂管理

　　现代"科学管理"的概念是随着弗雷德里克·W.泰勒（1856—1915）的著作《科学管理原理》（*The Principles of Scientific Management*, 1911）一书的出版而流行起来的。泰勒是一位美国企业管理专家，首次提出了商业界的"科学管理"这一术语。他对效率最大化的需求问题非常感兴趣。然而，在过去的三十年中，科学管理的概念已然改变，特别是随着计算机的出现。哈佛商学院在 20 世纪 60 年代和 70 年代引入了战略规划（Strategic Planning）的概念。

它强调了我们需要用系统化的方法，将生产、会计和营销等标准商业功能整合进一个全局性的战略体系中去。

但经验表明，过度死板的计划和数学预测并不总是有效果。

麻省理工学院随后引入了系统动力学（system dynamics）的概念。

但这两种管理技术都是基于主观假设和价值判断的，因而存在风险。

西蒙·福格认为，这种方法就像"盯着后视镜开车"——试图通过后面发生的事情来判断前方的路况。

预测未来的突破

那么，管理层如何才能有信心预测即将出现的技术和工业突破呢？

技术突破有时是偶然发生的——当时被认为微不足道的小事引发连锁反应，导致新技术的诞生。

青霉素的发现就是偶然事件带来医学研究突破的一个例子。

然而，其他突破则是多年研究的结果。登月及随后的事件就说明了这一点。

　　这种突破在当下更为常见。现在的研究多是跨学科的，覆盖范围也相当广。

　　乔治·安德拉认为，将收益渐增的动态概念与大规模多学科研究结合起来，用整体分析的研究方法，能够产生"渐进式突破"（creeping breakthroughs）。

　　利用混沌理论的蝴蝶效应，渐进式突破得到了充分的研究。

可行性与预测

　　然而，能够预测"渐进式突破"还不够。管理层不仅要考虑新技术的用途，还要考虑其备用系统。要提高产能，发明时必须要有其他相关发明物做支持，因为孤立的事物难以长久发展。例如，发明远程轰炸机是一个不错的想法（如果不考虑那些被轰炸的人），但是在空中加油的方法研究出来前，这个想法是无法实现的。

将发明和相关发明物同时纳入考察研究范围内的观念即是"可行性"（enablement）。

　　渐进式突破和可行性的要求意味着旧的预测技术发展的方法不再有效。因为"先来者定标准"，在初始阶段未能抓住先机的就会错过之后掌权定调的机会。因此，找到技术突破的系统方法至关重要。

传统方法是去评估一个可能的突破所需要的不同要素的相对重要性，继而确定其中较重要的推动因素。然后挖掘新想法的潜力，综合新的使用场景和概念，或许再通过新方式来整合一些旧概念。

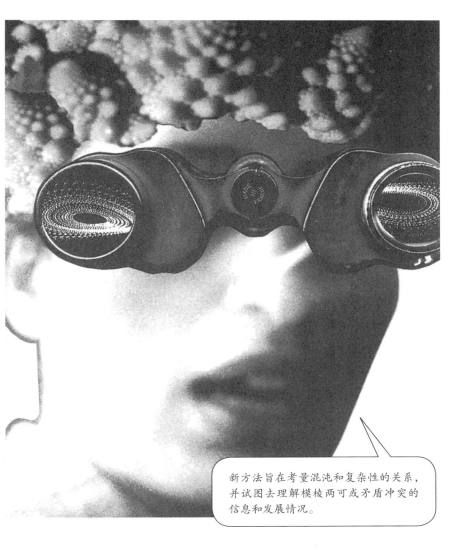

新方法旨在考量混沌和复杂性的关系，并试图去理解模棱两可或矛盾冲突的信息和发展情况。

　　预测必须是一个整体和持续的过程，反馈、敏感依赖性和非线性发展等要素都应考虑在内。

混沌与城市

城市在改变；我们也应转变对城市的看法。城市已从有序、可控的实体变成了无序且难以控制的环境。城市在我们眼中，已经从实证主义、人文主义和结构主义的马克思主义者所谓的"现代性城市"变为"不断变化、混乱的后现代主义城市"。

每个城市都有万花筒般多元的文化和亚文化：有英国人、意大利人，也有中国人；有异性恋者，也有同性恋者；有富庶的区域，也有荒芜的区域；有人行道，也有"禁行"区。一切都不再稳定，不再真实，一切都不再有持久的价值。

城市是整个社会和文化的缩影与镜子。因此，为了全面了解城市，我们需要考量大多数（就算不是全部）促进当代城市发展的多样因素。将城市视作"大写的建筑"的观念很难与涉及社会、文化、经济、制度体系的城市理论相关联。

社会系统难以与空间形式联系起来。因此，就目前来说，城市的复杂性和多样性着实让我们应接不暇、不知所措。

这就是混沌理论发挥作用之处。通过混沌，我们得以深入了解城市的空间秩序。

城市的大部分地区都存在一些不规则之处，因此是应用分形几何的理想对象。实际上，城市具有截然不同的分形结构，因为它们的功能在顺序和作用范围方面是自相似的。城市中的邻里、社区和部门的概念，交通网络中不同的秩序概念，以及中心地区的社会等级秩序（它反映了当地经济与全球经济的相互依赖），都提供了分形结构的实例。

　　城市的分形特性使地理学家与城市规划者能够研究人口密度、土地利用和反映空间并置关系的空间结构。

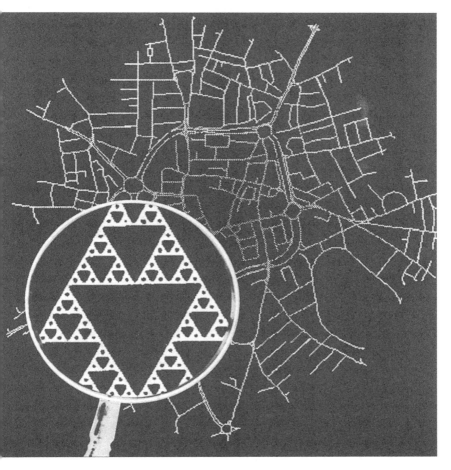

分形城市

分形几何在城市中至少有两种方式的应用。第一，通过计算机模型和计算机图形可视化城市形态；第二，测量城市的实际模型并进行动态模拟。

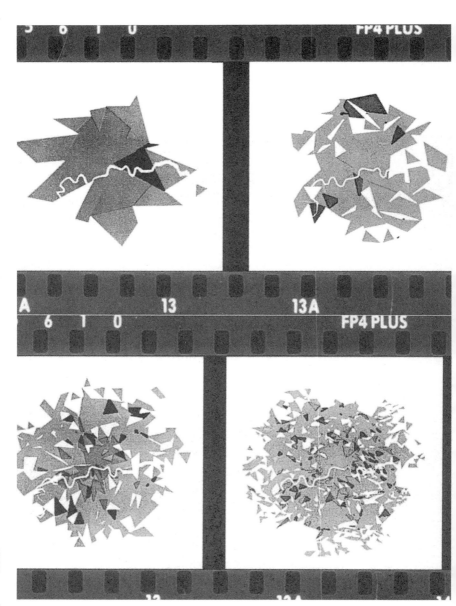

伦敦大学空间分析与规划学教授迈克尔·巴蒂是"分形城市"领域的先驱。

巴蒂说："我们可以基于分形几何来勘探城市的几何形状，先固定尺寸、改变比例尺，然后固定比例尺、改变大小。这一方法对分形城市理论的发展至关重要。"

他的研究表明，研究城市分形维数的重要关系时，要综合考虑相关人口及其密度与线性尺寸和范围的联系。这些关系以递增或累积的形式组合在一起。

下面这个有趣的分形图描绘的就是伦敦的人口密度。

空中轮廓线中的分形

巴蒂说："这些分形关系似乎比传统的分形关系更有逻辑依据和理论基础。这一工作方法也提醒我们在定义和测量密度时需要多么细致谨慎。我的研究结论之一就是：过去四十年来，我们关于城市密度的理论及其应用必须要在这些新发展的基础上重新来过。"

以曼哈顿为例，城市的空中轮廓线也可以是分形的。

耗散城市

除了分形城市，最近的城市分析研究还揭示了许多其他类型的混杂城市。

耗散城市（dissipative cities）是普里果金耗散结构理论及其应用的产物。克兰菲尔德大学国际生态技术研究中心教授彼得·艾伦等人发展了该理论。艾伦的主要工作是建立描述某一地区基础设施情况的计算机模型，模型包括这一地区的居民和就业情况，生活在该区域的个体迁移到其他区域寻求就业机会的情况，该区域雇主根据市场情况提供或减少工作机会的情况。地区之间的劳动力迁移以及经济活动的引入和消失，即是本地的"承载能力"。这会导致将人口和生产活动联系到一起的系统出现非线性和反馈循环。

反过来，这促进了新城市中心发展、其他城市中心衰败的演变过程。

一方面，内部交互与各种变化之间相互影响；另一方面，耗散也带来了新的景观。艾伦后来将此模型应用于布鲁塞尔。

局部和整体混沌

　　普里果金关于自组织的观点也引出了"自组织城市"和"混杂城市"的概念。在城市中，自组织体现为两种形式：局部（或微观）混沌、整体宏观（或确定性）混沌。局部混沌是城市的各个组成部分行为的结果。例如，高速公路上汽车的运动。

当自组织行为使个别组成部分被一些吸引子吸引时，确定性混沌就会出现。城市在吸引子之间混乱地跳来跳去。例如，在高速公路上，夜间的汽车是随意行驶的，而在高峰时段却是整齐分布的。

因此，就出现了从混沌到有序，然后又回到混沌的情况。

混沌和秩序之间的游戏每天都会在日常生活中上演，而不是仅仅存在于长远发展的过程之中。

控制还是参与

　　混沌为我们理解"城市"作为"城市空间"的角色提供了新的视角。它表明控制城市发展的因素是自组织系统，因而是不可控的。

　　巴蒂认为："从这个角度来看，之后我们应采取一种新的行为方式，一种新城市规划方式，目的在于参与而不是控制。"

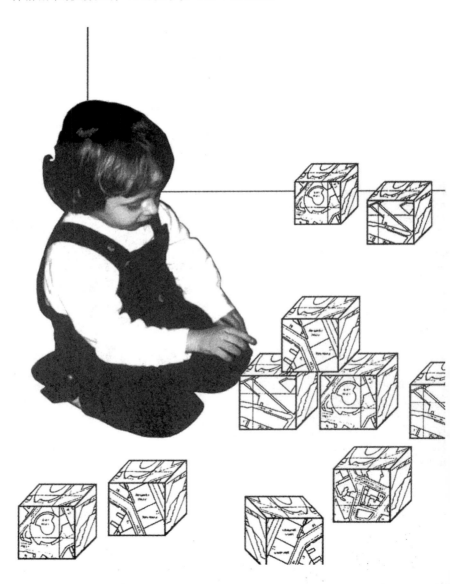

混杂建筑

在后现代建筑中使用分形形状并不稀奇。例如，建筑师布鲁斯·戈夫是最早使用奇异吸引子在建筑内构建力场的人之一。

扎哈·哈迪德在她的获奖设计加的夫湾歌剧院中，基于分形几何建造了一栋建筑，她使用平面语言来处理连续性方面的差异。然而，这种设计争议很大，因为在许多人看来，它过于后现代了，所以她的构想最终也未能实现。

非线性、倍周期（period doubling）、反馈等混沌学概念在后现代建筑中得到了越来越多的应用。借用秉持混沌和复杂性理念的后现代主义建筑师、专家查尔斯·詹克斯的话来说，这些概念塑造了"一种变化万端，如波浪般起伏涨落，绵延不绝却又可能骤然改变的建筑"。

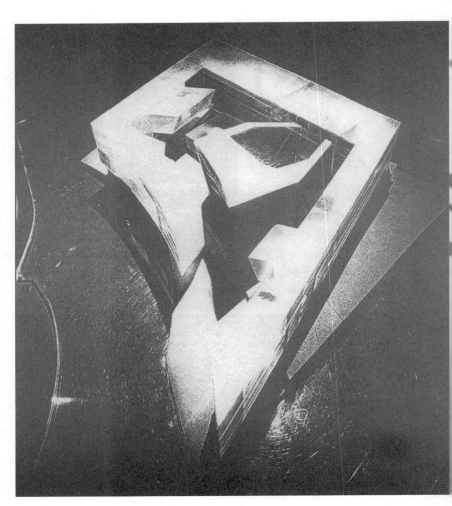

但混沌理念的应用并不仅限于后现代建筑。一些传统建筑同样体现了这一理念。例如，在巴洛克式建筑巴黎歌剧院中，就可以看到分形缩放的影子。该建筑由查尔斯·加尼尔（1825—1898）设计，建于 1861 年至 1875 年。

　　这栋建筑的设计风格多样，却又浑然一体，体现了建筑师的精心组合。沿着歌剧院大道漫步，你可以观察到许多建筑物自相似的细节——走得越近，发现的细节就越多。

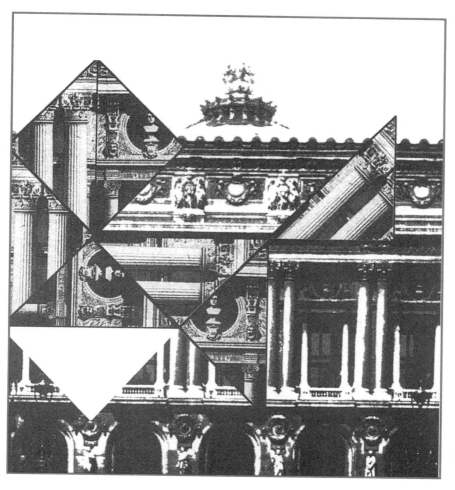

混沌与人体

传统模型将人体描绘成一台机器。心跳就类似上发条的装置，神经系统像电话交换机用来交换信号，而骨架就是许多机器零部件咬合在一起构成的。

现在，生物学家、生理学家和医学专家开始将人体生理系统视作一个充满分形和混沌的整体系统。

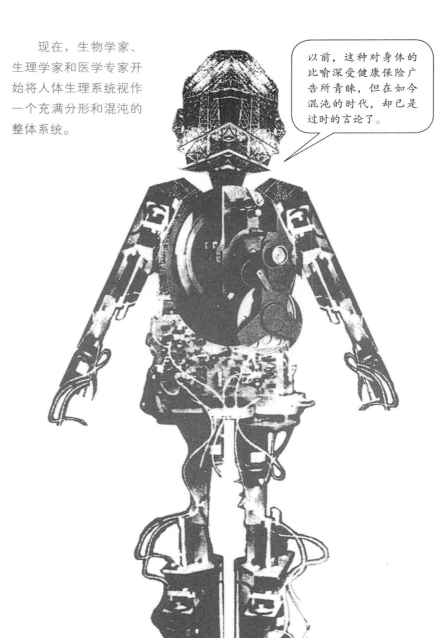

以前，这种对身体的比喻深受健康保险广告所青睐，但在如今混沌的时代，却已是过时的言论了。

人体中的分形

　　我们的身体里处处是分形——从循环系统到淋巴系统、肺部、肌肉组织、肾盂和小肠，再到大脑皮层的褶皱，无一不存在分形。这些分形结构使身体灵活而强健。因为它们是自相似的，所以即使身体的某些分形结构部位受损或缺失，也不会产生严重的后果。人体用于收集、分配、吸收和分泌许多重要体液，以及排出毒素的部位的表面积，也因为有分形结构的存在而有所增加。

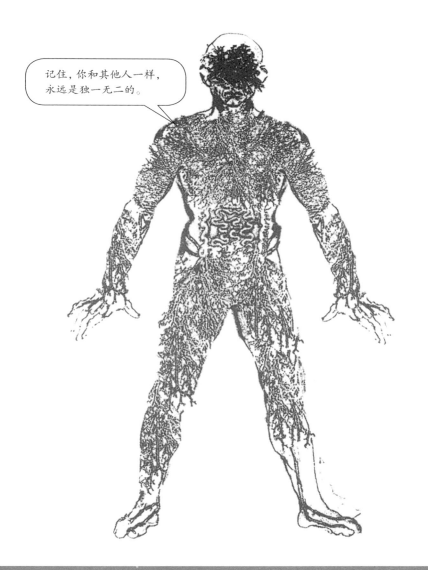

心脏吸引子

混沌动力学在人体中也有体现。它是人体许多部位之间不断进行反馈的产物。

在相空间中绘制心电图（ECG）时，能够看到"蜘蛛状的奇异吸引子"。

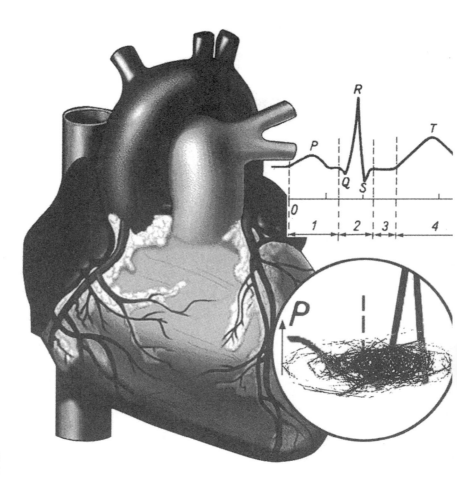

心脏中的混沌

　　倍周期能够提供心脏病发作的线索。在健康的心脏中，电脉冲平稳地通过肌肉纤维，迫使心室收缩并将血液输送出去。在收缩状态下，肌肉纤维不再受电信号的影响。这个时期被称为不应期（refractory time）。

研究人员发现，当一组心肌纤维的不应期长于心跳之间的间隔时，就会出现湍流。

　　早期智能心脏起搏器就是基于这一认识开发的。起搏器可以持续监控心脏，识别何时出现不良的混沌，并探测下一瞬间可能会发生什么，然后向心脏发送电子信号以防止其运转出错。

混沌与健康

　　然而，并非所有的混沌对人体来说都预示着坏事。人体中也存在自发而有益的混沌，比如大脑活动中的混沌就能发挥一定的作用。这种混沌的缺失可能导致脑功能异常。举例来说，癫痫发作看上去似乎是混沌造成的，但实际上却是混沌缺失的结果。它是大脑内周期秩序异常的产物。

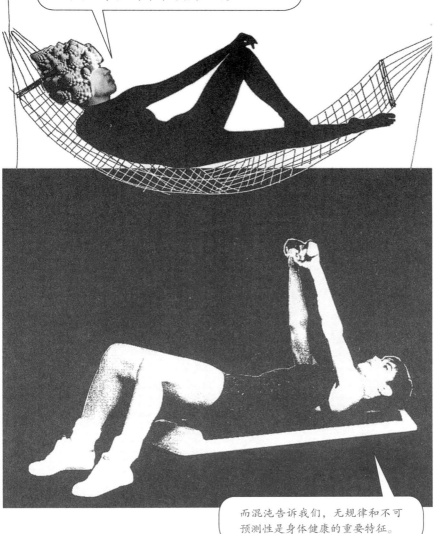

混沌与大脑

混沌理论的其中一个发现就是，大脑是由混沌组织起来的。

人脑是一个复杂的非线性反馈系统。它包含数十亿个相互连接的神经元。

脑神经信号携带大量信息，在大脑无穷的反馈循环中传递。

虽然我们知道大脑的某些区域具有某些特定功能，但某一区域内的活动也能够引发更大区域内更多神经元的反应。

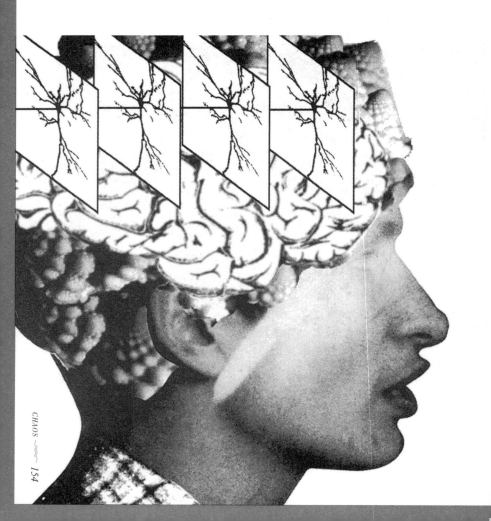

实验表明，大脑中存在奇异吸引子——实际上，大脑中有无数奇异吸引子，每个特定活动都有特定的吸引子。记录脑部活动的脑电图（EEG）显示，一个人处于休息状态时会呈现出一种奇异吸引子，但解数学题时则会出现另一种吸引子。健康的大脑会保持低水平的混沌，当出现熟悉的刺激时，这种混沌往往就会自我组织，形成结构较为简单的秩序。

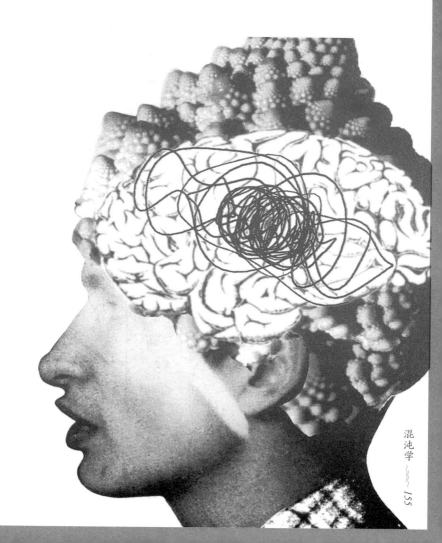

意识的混沌模型

如果假设大脑状态与意识有关，我们就可以得出一个关于意识的基本模型。那么混沌理论对我们理解意识会有怎样的帮助呢？

当被其他神经元的输入信号激活时，神经元通常只会发出一个信号。我们用相空间的概念来描绘大脑内部正在发生的事情。通常每个神经元被认为代表一个变量。因此，在相空间中，每个神经元都会被赋予一个维度，加起来总共就有 100 亿个维度。如果意识的确与这些神经元的活动有关，那么我们就可以通过这个模型来分析意识。

意识可以用相空间内移动的一个点来表示。这一点就被描述为"有形的自我"。

意识是两次小睡之间恼人的时光。

第一，它的路径是混沌的。系统可能是确定的，但该点的行为却是不可预测的。由此可见，我们永远无法真正预测人们的行动。

第二，点的运动虽然是混沌的，但并不是随意的。它跟随着一个奇异吸引子，奇异吸引子可能是我们所说的"个性"。

第三，这个模型不是算法——它不可预测，也不存在序列或连续性。它是流动易变的。

第四，该系统可以达到的状态的数量是无限的。神经元的数量是有限的，但相空间中的点却是无限的。因此，意识本身也是无限的。

这也不是什么新闻了，是吧?

混沌与天气

　　混沌理论的产生很大程度上要归功于天气，如果不是天气的话，混沌理论可能不会有今天这样的发展。天气实际上就是一个典型的混沌系统。

　　天气系统呈现出分形结构，因此也具有自相似性，这不足为奇。我们在全球范围内看到的一切，一般来说，缩小到大陆范围和国家范围内也能看到。从温度、气压、风速到湿度，所有天气的成分都对初始条件很敏感。由于它不断重复自身，不断迭代（iteration），天气在许多方面都显示出大范围的混沌现象。但它仍然在我们称为气候（climate）的奇异吸引子的范围内。

尽管存在混沌，我们仍将继续努力，尝试通过观察某些初始条件来预测天气。如今的天气预报模型已经有大约 100 万个变量，并且一直在扩充。

不过，气象学家的天气预报也并不总是都准确，这也是意料之中的事。

长期天气预测

　　那长期的天气预测呢？下个世纪的天气会怎么样？长期的天气预测与预测明天或下周的天气完全不同。在这种情况下，我们就不能单单寻找吸引子中某一单个的轨迹，而要观测整个气候吸引子本身的形态。

全球气候受反馈的影响。这样的危险始终存在：即使是人类最微小的扰动，正反馈也会加速将其演变为环境的大灾难。然而，负反馈却能使大气温度保持稳定。加入正负反馈回路是无穷无限的，那等待我们的命运会如何就不得而知了。

如果气候吸引子遭到扰动（perturbation）怎么办？

又或者，如果吸引子的形状（shape）发生了变化，那气候会如何呢？

这些假设都可能会导致新的、潜在的灾难性天气模式。

温室效应情况如何？

　　然而，天气模式的重复或许意味着某一轨道正在围绕蝴蝶的其中一只翅膀循环——可能循环一次、两次或上千次。循环的次数没有预先设定。因此，我们应该更加谨慎地进行预测。例如，在预测温室效应时，连续的暖冬和炎夏可能仅仅意味着系统正围绕相空间的某一部分循环，并不一定就代表长期、永久性的变化。

混沌与自然

　　混沌和复杂性反映出我们对周围世界更加敏感了。不久前，人们还相信科学能够战胜无知，未知的领域将不复存在。有了科技，我们就能主宰大自然。但混沌告诉我们，大自然不是一个会屈从于人类意志的简单系统。事实上，大自然会反击，并且也确实这么做了——当我们大量使用抗生素时，实际上就是在培养有抗药性的新型微生物了。

克拉维酸 250/125
一次 1 片
一日 3 次
一个疗程不超过 14 天

每天定时服药，完
成规定疗程

科学安全

直到最近，人们才将科学与"知识"和"力量"这两个目标联系起来。科学将破除迷信，抗击疾病，消除无知和贫困。但我们现在才逐渐认识到这种简单化的自然观会让我们付出巨大的代价。基于这种简单化的自然观所取得的科学成就是伟大的，但同时也是片面的。

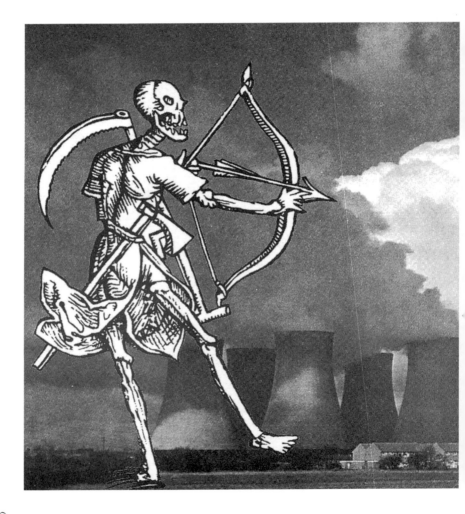

混沌理论以及我们身处自然环境积累的经验，让我们有了新的认识。在确定性系统无法作出预测时，我们开始更加关注不确定性的问题。

所以，现在科学出现了第三个伟大的目标——确保安全（safety）。

我们甚至可以将人为风险视为一种"混沌的复杂性"（chaotic complexity）。由物质、能量和生命构成的复杂自然系统经历了亿万年循环，如今已被扰乱了。新的物质和能量形式已融入了多年累积的自然过程。

> 我们究竟创造出了多少只会引起未知后果的"蝴蝶"？

　　如今我们意识到，自然界再也无法确保能为了人类的利益而顺利、安全地运转了。新疾病、全球污染、物种灭绝和气候变化等让我们始料未及的影响，都是我们擅自用科技影响自然所造成的恶果。

新的大自然

只要我们还将科学图像视作简单的确定性方程，就很难去思考这些新现象。但是，随着混沌理论的出现，我们可以重新思考人类与自然的关系。以前，大自然是"狂野的"，而我们用以科学为基础的技术"驯服"了她。我们找到了她的行为规律，将她置于我们机器的枷锁之下。但是现在，在混沌的时代，我们却发现了一种新的自然状态：一种"野性"的状态。

我们可以根据那些未被"驯化"的受污染系统，来想象那些"野性"的自然状态。但它们不仅仅是"狂野"的，或像以前的混沌系统那样"自然"。相反，正如我们所看到的那样，如果把山羊、老鼠或兔子等物种引入一个新的栖息地，就会在这些物种之间造成一种破坏性的，甚至可能是灾难性的失衡。

　　混沌和复杂性为我们提供了应对这些新问题的概念工具。我们知道科学无法对这种混沌复杂系统的未来状态作出精确的预测,更难以证明什么东西是绝对"安全"的。不管我们能不能接受或者承认这一事实,对于某一特殊的风险,我们不能完全相信科学家的说法。因为风险还可能来源于主观判断、价值观以及会影响这个问题的所有因素。

当安全(而不是知识或权力)成为我们关注的主要问题时,对决策者来说,传统科学或许是宝贵的仆人,但它也可能成为一个会迷惑误导的主人。

　　要从混沌的新角度来理解自然,就需要在科学实践时遵循恰当的新形式。这种遵循新形式的科学实践被称为"后常态"科学。

后常态科学

后常态科学是两位科学哲学家西尔维奥·丰托维奇和杰里·拉韦茨的研究成果。

拉韦茨说："在混沌理论出现之前，人们认为价值与科学推理无关，所有不确定之物都可以被驯服。持有这种理念的就是'常态科学'，几乎所有的科学研究、工程设计和监测工作都是在'常态科学'下完成的。当然，总是会存在一类特殊的'专业顾问'，他们会运用科学，但也会在工作中遇到不确定的事件或者需要作价值选择。这样的专业顾问可能是高级外科医生或工程师，因为他们经手的每个案例都是独一无二的，他们的专业技能对于客户的利益（甚至生命）而言至关重要。"

丰托维奇说："但是在一个混沌主导的世界中，我们已无法感受到传统科学实践下的安全感。在许多重要的案例中，我们不知道也无法知道，将会发生什么，或者我们的系统是否安全。"

我们面对的问题都是一些不确定、价值存在争议、高风险又迫在眉睫的问题。唯一的出路就是要先认识到我们现在所处的境况。在相关科学领域，话语风格已不再是从实验数据到真实结论的简单展示。相反，它必须是一种能够呈现不确定性、多种合理观点和价值承诺的对话。 这些是后常态科学的基础。

可以用一个简单的图表来说明后常态科学。

接近零点位置的是传统安全的"应用科学"。处于中间段的是外科医生和工程师的"专业咨询"领域。但再往外，在安全和科学问题混乱复杂之处，就是"后常态科学"领域了。这也正是未来前沿科学将面临挑战的地方。

后常态科学具有以下主要特征。

丰托维奇说："在后常态科学中，质量取代了真理成为组织原则。"

拉韦茨说："在后常态科学的启发式相空间（heuristic phase space）中，没有哪块局部视图能涵盖整体。如今的任务不再是经由某位权威的专家为了作出正确政策决策而去发掘'事实'。政策决策桌上所有利益相关者们提出的不同观点和价值承诺，后常态科学都会接受。在对话中，具备专业资质的人将成为科学家或专家。他们对于决策过程至关重要，因为他们的特殊经验可以作为投入，在质量控制过程中发挥作用。而家庭主妇、患者和记者可以在现实生活中评估科研成果的质量。"

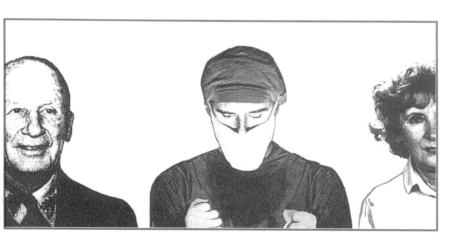

丰托维奇说："我们称这些人为'扩展的同行社群'。他们带来了'额外的事实'，包括他们自己的个人经历、调查和科研信息，这些信息本不会公开。"

后常态科学不会取代优秀的传统科学技术。它是在整合的社交过程中，重申他们的研究结果或提供反馈。以此方式，科学系统将成为新形式或政策制定和治理的有用投入。

混沌与非西方

混沌理论和复杂性是理解的工具。但是这些新科学带来的理解中包含了一些并非西方社会所固有的东西。

的确，非西方世界的人一直以来就是这样看待自己、看待所处的环境、看待他们在宇宙中的位置及其所作所为的。

例如，几个世纪以来，印度的土著人一直将分形视作一种艺术形式。印度工匠可以很熟练地绘制出这种著名的"古拉姆"（kolam）图案。这种图案在他们称为达伦（durrees）以及其他类型的印度地毯中也可以见到（见下图）。

大多数中世纪清真寺的穹顶上都可以看到对称的分形图案。例如下图伊斯法罕的学校切纳尔·巴格·马德雷塞门廊顶就有这种图案（见下图底部）。

伊斯兰艺术与设计经常会利用简单的分形图案创造复杂的画面效果，并将其作为一种精神工具，促使人们把才智心力集中在对无限的沉思中。

不过，还远不止这些，关于混沌和复杂性的见解可以在很多非西方文化中找到。敬畏自然、保持生活的丰富多样、由简生繁、了解局部必先了解整体……这些不仅仅是非西方文明所固有且笃信的世界观，也是他们业已践行的理念。

从生态学角度来看，传统非西方世界的农业技术，无论是中东地下蓄水层还是斯里兰卡用鸟类控制虫害，都比现代农业更有智慧。

这是因为遵循传统的人们不仅知道"没有雨，就不会有树"的道理，而且还知道它的反馈循环——"没有树，就不会有雨"。

非西方的神秘文化系统，如佛教和苏非派神秘主义，通常会用自我循环的矛盾论述把修习者的思想带到混沌的边缘，而后再让其通过自我组织来达到启蒙。

　　一个修习者问：

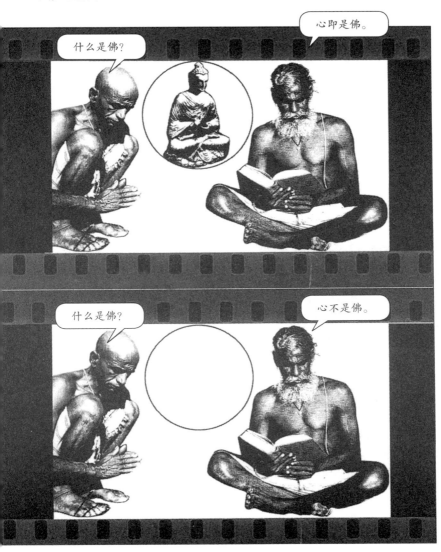

　　由此，一种在真理与谬误之间来回思索摇摆的思想运动便开始了。

多数其他学派的发展，从对拉丁美洲依赖学派的批评、印度对现代化的批评到穆斯林对西方化的研究，都说明了对初始条件的敏感依赖不允许西方的发展模式在他们的国家发挥作用！对非西方经验的批评一再表明，如果不能充分理解非西方文明和环境的复杂初始条件，未能充分考虑非西方整体大环境下的重要因素，那么精心设计的确定性项目就无法达成预期目标。一系列的案例研究都证实了这一点。

这就好比让马车拉马。

近二十年来，混沌在数学和引人注目的计算机图形学领域遭到了同样的批评。可以说，混沌的出现证明了这些批评的权威性。

人们经常拿复杂性理论与道教相比，这倒是不足为奇。

斯坦福大学教授、圣菲研究所前主任布赖恩·阿瑟说："复杂性理论的方法完全体现了道教思想。道教中不存在固有的秩序。'道生一，一生二，二生三，三生万物。'在道教中，宇宙被认为是浩瀚无垠、不规则且不断变化的。你永远无法明确它的具体形态。虽然组成万物的元素始终保持不变，但它们却总是不停地自我重组。所以，它就像一个万花筒。世界有多种变化的模式，其中有部分会重复，但从不完全重复自身，总是会呈现出不同的新面貌。"

在伊斯兰教、中国文化和印度教等非西方世界观中，人与自然之间不存在二元性。同样的，复杂性理论中也不存在二元性。

阿瑟说："我们自身本就是自然的一部分。我们身处自然之中。实行者（doer）和完成者（done-to）之间没有什么界限，因为我们都是这个互联网络的一部分。"

最后，阿瑟承认："我现在所说的这些对东方哲学来说并不是什么新鲜的观点。东方哲学一直都将世界视作一个复杂的系统。但这样一个世界观，几十年来，却在西方世界中变得越来越重要，无论是科学还是文化，大抵都是如此。然而，如今的人类正在失去纯真与质朴。"

几个世纪以来，非西方观念一直在遭到诋毁，但现在，科学似乎正朝着非西方的理念回归。

对混沌理论的批评

过去几十年间,人类追求真理的步伐毫无疑问在不断加快。部分是因为西方信仰体系的崩塌,还有部分要归功于计算机所带来的超强数据处理能力。数学领域对真理的追寻已经出现了一些新思潮。我们希望每种思潮都能带来包罗万象的新视角,帮助我们理解自然和现实世界,让我们得以认识"终极实相"(ultimate reality)。20 世纪 50 年代,我们认为可以用"博弈论"(game theory)来描述人类行为,继而控制和管理它。20 世纪 60 年代,勒内·汤姆的"突变理论"(catastrophe theory)描述了某种非线性系统的动态变化情况,因而被认为是一个可以解释从胚胎发育到社会革命等一切事物的普遍法则。然后又出现了"模糊集合"(fuzzy sets),对其应用范围和实际作用的描述也同样有些夸大。而如今我们又有了混沌和复杂性。

混沌和复杂性只是一种新思潮吗?等到下个世纪,混沌理论还会存在吗?抑或被另一种思潮所取代?

彼得·艾伦坚持认为,混沌本身并不是一门独立学科。恰恰相反,它只是非线性动力学的一个子部件,而非线性动力学也不过是复杂系统的一部分罢了。"实际上,复杂系统中结构与组织的起源和演变才是更重要的部分,而不是奇异吸引子中微不足道的敏感性因素。然而,混沌或许可以给自然界提供点'其他音符',以维持适应性和好奇心。"

英国华威大学数学教授、混沌学领域的权威之一伊恩·斯图尔特说，"混沌"一词已经超出了它最初的意涵，因而从某种程度上来说已经有所贬值了。对很多人来说，它只不过是描述"随机"的时髦新术语。举一个根本没有明显模式的系统为例，然后宣称它就是混沌系统，这样一来，它瞬间就上升到学术前沿，不再是一堆令人生厌的旧统计学数据。混沌已然成为一种隐喻，但往往是错误的隐喻。这个隐喻不仅被扩展到根本不存在动态系统的领域，而且还被错误地解读了含义。混沌成为缺乏秩序或控制的借口，而不是作为证明存在隐藏秩序的技术，或者控制那些乍看之下似乎无法控制的系统的方法。

对混沌的所有泛论都是错误的。

这并不奇怪。每当一个深奥的知识、概念流行开来，就会出现这样的滥用。

斯图尔特说：“爱因斯坦的相对论也曾如此，相对论在美国被当作社会不平等的借口广泛应用。‘正如爱因斯坦所说，一切都是相对的’这句话成了万能的真理。其实并非如此。爱因斯坦说过的最有意思的事是，有些东西，特别是光速，并不是相对的。”

混沌不仅无法为所有事情提供现成的解决方案，并且也“难以协调复杂的宇宙与其假定的简单规则之间的关系”。

斯图尔特说："许多伟大的科学奥秘都是新兴的现象。研究思想、意识、生物形式或社会结构这些问题时，我们总想迅速地得出结论，我们以为混沌和复杂性理论有解开这些奥秘的钥匙。然而，至少就目前来看，它们没有，也无法给出答案。混沌和复杂性扮演着重要且积极的作用。它促使我们开始提出一些明智的问题，不再对复杂性或模式的来源做一些无知幼稚的假设。但这只是在艰难科学道路上迈出的一小步。我们不应该被复杂性理论这个过于简单化的概念所迷惑。"

　　把混沌和复杂性视作"圣经"，视作适用于万事万物的新理论，是非常危险的想法。狂热的支持者已经将这门新科学当作某种通用的计算器。

　　混沌的真正重要性在于，它是解决问题的一个新工具，是我们思考自然、物质世界，审视人类自身的一种新方法。从这些方面来说，它具有巨大潜力，能够真正帮助我们塑造未来！

拓展阅读

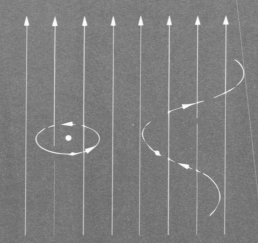

关于混沌理论，最受欢迎、最吸引人的一本书《混沌》（*Chaos*, Sphere, London, 1988）出自詹姆斯·格莱克之手，也正是他促成了这一新科学的流行。

还有许多关于混沌学的装帧精美的大开本画册。其中最好的当属约翰·布里格斯的《分形——混沌的图案》（*Fractals—the Patterns of Chaos*, Simon Schuster, New York, 1992）和迈克尔·菲尔德与马丁·科鲁比茨基合著的《混沌中的对称性》（*Symmetry in Chaos*, Oxford University Press, Oxford，1995）。

更侧重从数学角度对混沌进行探讨的包括约翰·布里格斯与戴维·皮特的《湍鉴》（*Turbulent Mirror*, Harper Row, New York，1989）以及由尼娜·哈勒编辑的《新科学家导读：混沌篇》（*The New Scientist Guide to Chaos*，Penguin, London，1992）。

以下几本书也对混沌学有深入的探讨：贝努瓦·曼德尔布罗特所著的《大自然的分形几何学》（*The Fractal Geometry of Nature*, W.H. Freeman, San Francisco，1982）、斯蒂芬·H. 克勒特的《混沌之后》（*In the Wake of Chaos*, University of Chicago Press, 1993）、爱德华·洛伦茨的《混沌的本质》（*The Essence of Chaos*, UCL Press, London，1995）、大卫·吕埃勒的《机遇与混沌》（*Chance and Chaos*, Penguin, London，1993）、斯图尔特·考夫曼的《混沌的起源》（*The Origins of Order*, Oxford University Press, Oxford，1993）。

迈克尔·巴蒂和保罗·朗利合著的《分形混沌》（*Fractal Chaos*, Academic Press, London，1994）一书对混沌城市的探索可谓是开创性的。在《混杂》（*Chaotics*, Adamantine Press，Twickenham，1997）一书中，乔治·安德拉、安东尼·邓宁和西蒙·福格从新经济学和管理理论角度对混沌和复杂性提出了深刻见解。查尔斯·詹克斯在《跃迁宇宙的建筑》（*The Architecture of the Jumping Universe*, Academy Editions, London，1993）一书中对混沌建筑做了精彩的讨论。巴里·帕金的《宇宙中的混沌》（*Chaos in the Cosmos*, Plenum Press, London，1996）非常精彩，让我们可以乘数学之舟徜徉在混沌宇宙。伊利亚·普里果金和伊莎贝尔·斯滕格斯的《从混沌到有序》（*Order Out of Chaos*, Fontana, London，1985）是第一本详细论述混沌的著作——公认的经典之作！在《科学咨询的不确定性与质量管理》（*Uncertainty and Quality in Science for Policy*, Kluweraos Academic, Dordrecht，1990）中，西尔维奥·凡托维茨和杰尔姆·拉韦茨探讨了混沌时代的风险管理。

想了解对混沌学的批判分析，可参阅伊恩·斯图尔特的《上帝掷骰子吗？》（*Does God Play Dice?* Basil Blackwell, Oxford，1990）、杰克·科恩与伊恩·斯图尔特的《混沌的崩塌》（*The Collapse of Chaos*, Viking, London，1994）以及由齐亚丁·萨达尔和杰尔姆·R. 拉韦茨共同编辑，发表在著名期刊《未来》（*Futures*）的特别专栏"复杂性理论：昙花一现还是未来方向？"。

作 者

　　齐亚丁·萨达尔一直生活在"混沌的边缘"。他的职业生涯从科学记者开始，而后成为电视记者、未来学家、文化评论家和讲授科技政策的客座教授。这种混杂的行为自然迫使他靠近一个叫作"涂鸦"的奇异吸引子，并写出了二十多本学术专著和畅销书。对初始条件的敏感依赖性说明他也需要家庭生活：萨达尔已婚，育有三个孩子，定居伦敦。

插画师

　　伊沃娜·艾布拉姆斯，插画师、版面设计师。她毕业于波兰克拉科夫美术学院（Krakow Academy of Fine Arts）与伦敦皇家艺术学院（Krakow Academy of Fine Arts in London）。她的作品曾在英国及世界各地展出。

图书在版编目（CIP）数据

混沌学 / （英）齐亚丁·萨达尔（Ziauddin Sardar）著；
（英）伊沃娜·艾布拉姆斯（Iwona Abrams）绘；王伊鸣，
王广州译. -- 重庆：重庆大学出版社，2019.11
书名原文：INTRODUCING CHAOS: A GRAPHIC GUIDE
ISBN 978-7-5689-1844-2

Ⅰ. ①混… Ⅱ. ①齐… ②伊… ③王… ④王… Ⅲ.
①混沌理论—青少年读物 Ⅳ. ①O415.5-49

中国版本图书馆CIP数据核字（2019）第244372号

混沌学

HUNDUNXUE

（英）齐亚丁·萨达尔（Ziauddin Sardar）　著
（英）伊沃娜·艾布拉姆斯（Iwona Abrams）　绘
王伊鸣　王广州　译

懒蚂蚁策划人：王　斌
策划编辑：张家钧
责任编辑：李桂英　　版式设计：原豆文化
责任校对：王　倩　　责任印制：张　策

*

重庆大学出版社出版发行
出版人：饶帮华
社址：重庆市沙坪坝区大学城西路21号
邮编：401331
电话：（023）88617190　88617185（中小学）
传真：（023）88617186　88617166
网址：http://www.cqup.com.cn
邮箱：fxk@cqup.com.cn（营销中心）
全国新华书店经销
重庆市正前方彩色印刷有限公司印刷

*

开本：880mm×1240mm　1/32　印张：6　字数：218千
2019年11月第1版　　2019年11月第1次印刷
ISBN 978-7-5689-1844-2　　定价：39.00元